让少年看懂
世界的第一套
科普书
一★一

物理世界
奇遇记

[美] 乔治·伽莫夫 著

李 赛 刘潇潇 译

中国妇女出版社

编者的话

科技兴则民族兴，科技强则国家强。2018年5月28日，习近平总书记在两院院土大会上指出："我们比历史上任何时期都更接近中华民族伟大复兴的目标，我们比历史上任何时期都更需要建设世界科技强国！"这一号召强调了建设科技强国的奋斗目标，为鼓励青少年不断探索世界科技前沿，提高创新能力指明了方向。

"让少年看懂世界的第一套科普书"是一套适合新时代青少年阅读的优秀科普读物。作者乔治·伽莫夫是享誉世界的核物理学家、天文学家，他一生致力于科学知识的普及工作，并于1956年荣获联合国教科文组织颁发的卡林加科普奖。本套丛书选取的是伽莫夫的代表作品《物理世界奇遇记》《从一到无穷大》。这两部作品内容涵盖广泛，包括物理学、数学、天文学等方方面面。伽莫夫通过对一个个奇幻故事的科学分析，将深奥的科学知识与生活场景巧妙地结合起来，让艰涩的科学原理变得简单易懂。出版近八十年来，这两部作品对科普界产生了巨大的影响，爱因斯坦曾评价他的书"深受启发""受益良多"。直至今日，《物理世界奇遇记》《从一到无穷大》依然是众多科学家、学者的科学启蒙书。因此，我们希望通过这套丛书的出版，让青少年站在科学巨匠的肩膀上，学习前沿科学知识，提升科学素养。

　　本套丛书知识密度较高，囊括大量科学原理和概念，考虑到青少年的阅读习惯和阅读特点，我们在编辑过程中将《从一到无穷大》《物理世界奇遇记》的内容进行了梳理调整和分册设计。在保留原书原汁原味内容的基础上，推出《从一到无穷大——数字时空与爱因斯坦》《从一到无穷大——微观宇宙》《从一到无穷大——宏观世界》《物理世界奇遇记》四分册，根据内容重新绘制了知识场景插图，补充了阅读难点、知识点注释。除此之外，我们对每册书中涉及的主要人物和主要理论在文前进行介绍，为孩子搭建"阅读脚手架"，让孩子以此为"抓手"在系统阅读中领悟自然科学的基本成就和前沿进展，帮助孩子拓展知识，培养科学思维，建立科学自信，拥有完善的科学体系。

　　由于写作年代的限制，当时科学还没有发展到现在的地步，本丛书的内容会存在一定的局限性和不严谨的问题，比如，书中的"大爆炸"理论至今在学界还存在着较大争议，并不是一个定论，对于这部分内容的阅读，小读者需保持客观态度；有些地方有旧制单位混用和质量、重量等物理量混用的现象。我们在保证原书内容完整的基础上，做了必要的处理。

　　我们尽了最大的努力进行编写，但难免有不足的地方，还请读者提出宝贵的意见和建议，以帮助我们更好地完善。

主要人物
DOMINATING FIGURE

艾萨克·牛顿
(1643—1727)

英国物理学家、数学家与天文学家。他在剑桥大学毕业后，留校当了老师，并著有《自然哲学的数学原理》。在这本著作中，牛顿建立了一门全新的学科——经典力学，也被称为牛顿力学，包括牛顿的三大定律和万有引力定律。此外，他提出了绝对时间和绝对空间的观点，承认时间和空间都是客观存在的，而且把时间、空间看成和运动着的物质相互脱离、毫无关系的。

普朗克
(1858—1947)

德国物理学家，量子力学的重要创始人之一，他和爱因斯坦一同被称为二十世纪最重要的两大物理学家。他一生致力于热力学和统计物理学方面的研究，提出了物质辐射（或吸收）的能量只能是某一最小能量单位（能量量子）的整数倍的假说，也就是量子假说，对量子论的发展有重大影响。

阿尔伯特·爱因斯坦
(1879—1955)

物理学家。他生于德国，1933 年受到了纳粹的迫害，移居美国，入美国籍。他在物理学的多个领域有巨大的贡献，其中最重要的贡献是建立了狭义相对论，并在这个基础上建立了广义相对论，提出了光的量子概念。

尼尔斯·玻尔

(1885—1962)

丹麦物理学家，哥本哈根大学哲学博士。他在 1913 年提出了氢原子模型理论，也就是电子在一定轨道上运动的原子结构模型理论，之后又提出了"对应理论"，对量子论和量子力学的建立起了重要作用。

泡利

(1900—1958)

奥地利物理学家。在 21 岁时，他为德国的《数学科学百科全书》写了一篇关于狭义和广义相对论的文章，到今天为止，这篇文章也是该领域的经典文献之一，爱因斯坦曾经评价说："任何该领域的专家都不会相信，该文出自一个仅 21 岁的青年人之手。"泡利的主要成就在量子力学、量子场论和基本粒子理论方面，对理论物理学的发展做出了很大贡献。他提出了著名的泡利不相容原理。

海森伯

(1901—1976)

联邦德国物理学家。他在 1925 年提出了微观粒子的不可观察的力学量，建立了矩阵力学，为量子力学的发展做出了巨大贡献。在 1927 年提出了测不准原理。

主要理论
DOMINATING THEORY

经典物理学

经典物理学由伽利略和牛顿于 17 世纪创立，经过一个世纪的拓展和完善，到 19 世纪已经成为包括力、热、声、光、电等学科在内的、宏伟完整的理论体系。它的三大支柱是经典力学、经典电磁场理论和经典统计力学。经典物理学是研究宏观现象的物理学，与量子物理学相对应，一般不能用于微观领域。

经典力学

经典力学通常被称作力学，是物理学的一个分支，是由牛顿在伽利略等人工作的基础上建立起的学科，在 17 世纪以后发展起来，主要研究速度比光速小的宏观物体机械运动的现象和规律。经典力学的基本定律是牛顿运动定律或与牛顿定律有关且等价的其他力学原理。它有两个基本假定：一是假定时间和空间是绝对的，长度和时间间隔的测量与测量者的运动无关，物质间相互作用的传递是在一瞬间内完成的；二是一切可观测的物理量可以无限精确地加以测定。

相对论

相对论是研究物质运动与时间空间关系的理论，由爱因斯坦在 20 世纪初提出，是物理学基础理论之一。经典物理学认为时间和空间是绝对的，而相对论改变了这一看法，提出了时间和空间的相对性。相对论分为狭义相对论和广义相对论。狭义相对论是关于高速运动过程的理论，广义相对论是关于时间、空间和引力场的统一理论。

量子论

量子论是现代物理学的两大基石之一，是探索微观粒子运动规律的初步理论，是量子力学的前驱。普朗克于 1900 年最先提出量子概念，开创了量子论。爱因斯坦在这一概念的基础上，于 1905 年提出光量子假说，解释了光电效应，使量子论得到进一步发展。到了 1913 年，玻尔成功地用量子概念解决了氢原子结构问题，完成了量子论的创生过程。

量子力学

量子力学是现代物理学的理论基础之一，是研究微观粒子运动规律的理论。19 世纪末，人们发现大量的物理实验事实不能再用经典物理学中能量是完全连续性的理论来解释。于是普朗克、爱因斯坦、玻尔、海森伯、薛定谔等科学家进行了各种实验和研究，在 20 世纪 20 年代中期建立起了今天的量子力学。

测不准原理

测不准原理是海森伯在 1927 年发现的物理学原理。它认为一个微观粒子的某些成对物理量不能在同一时间内测得确定的数值，某一个量的确定程度越大，另一个量的确定程度越小。也就是说，一个量测得越准确，另一个量的误差就越大。粒子的位置和动量、时间和动量都是这种物理量。

目录

contents

一座有速度极限的城市

1

汤普金斯先生花了很长时间才弄明白，爱因斯坦在他的理论中提出的整个要点在于世界上有一个最大的速度值——光速，任何运动物体都无法超越它。而且，这个事实会导致非常奇怪、非常不符合常理的结果。比如，当量尺和钟表以接近光的速度运动时，量尺的长度就会缩短，钟表也会变慢。

>>> 一场与常识相矛盾的讲座

今天是银行界的公休日。本市一家大银行的小职员汤普金斯先生很晚才起床，从容舒适地吃完了早餐。他想好好安排一下今天的活动，这个时候最先想到的是看一场午后电影，于是他打开晨报，用心地在娱乐栏搜索起来，但没有一部影片能吸引他：他烦透了这些好莱坞粗制滥造的作品和这些明星间没完没了的情史。

这些影片中哪怕有一部影片包含冒险故事或奇遇，又或者是让人觉得有些异想天开，汤普金斯先生也能勉强凑合去看。然而就连这样的影片都没有。不经意间，他看到了报纸最下面的一段简报。原来，本市的一所大学正在举办关于现代物理学的系列讲座，今天下午要介绍的是爱因斯坦的相对论。

真不想看好莱坞这些粗制滥造的作品

　　行，说不定还有点儿意思！别人常说，全世界只有12个人是真正懂得爱因斯坦的理论的。汤普金斯先生觉得自己很有可能成为第十三个人！于是，他决定去听这个讲座，也许那里有他所需要的东西。

　　汤普金斯先生到达大学的报告厅时，讲座已经开始了。整个大厅里坐满了人，大部分是很年轻的学生，他们都在聚精会神地听一个站在黑板旁边的长得很高还留着白胡子的人讲话，这个高个儿也在尽全力讲清楚相对论的基本概念，以便听众更好地理解。

教授正在报告厅中进行讲座

汤普金斯先生花了很长时间才弄明白，爱因斯坦在他的理论中提出的整个要点在于世界上有一个最大的速度值——光速，任何运动物体都无法超越它。而且，这个事实会导致非常奇怪、非常不符合常理的结果。比如，当量尺和钟表以接近光的速度运动时，量尺的长度就会缩短，钟表也会变慢。

但是，高个儿教授说，光的速度是300,000千米/秒，在日常生活中想观察到这些相对性效应，是非常困难的。因此，想要理解这些不同寻常的效应的实质，也困难得多。对汤普金斯先生来说，无论是相对性效应本身还是其实质，都是同常识相矛盾的。他努力地在脑海中想象量尺缩短和钟表变慢的现象，渐渐地，他的脑袋一点儿一点儿地垂了下去，耷拉在了胸前。

>>> 来到一座有速度极限的城市

再次睁开眼睛的时候，汤普金斯先生发现自己已经不在报告厅的长椅上，而是坐在市政府为了方便乘客等车而设置的长椅上。这是一座美丽又古老的城市，许多中世纪学院风格的建筑在街道两旁笔直地排列着。他认为自己一定是在做梦，但是，出乎意料的是，他周围没有发生任何不寻常的事情，连那个站在对面角落里的警察看起来也和平时的警察一样。此时，街道远处钟楼上的大时钟刚好指到5点，街道上已经没有来往的车辆了。一辆自行车从远处孤零零、慢悠悠地驶来，当它快要靠近汤普金斯先生时，汤普金斯先生突然眼睛睁得滚圆，脸上出现了吃惊的表情。原来，他发现了一件不可思议的事情，骑自行车的人和自行车都在运动方向上缩扁了，仿佛是通过一个柱形透镜看到的一样。骑自行车的人在听到钟楼上的时钟敲了5下后，明显有些着急了，使劲儿蹬起了脚踏板。汤普金斯先生发现他变得更扁了，就像是用硬纸板剪成的扁人一样，但他的速度并没有加快多少。汤普金斯先生瞬间想起刚刚听的讲座里的内容，明白了那个骑车人是怎么回事——这个现象是因运动物体的相对性效应所产生的，他对自己能够理解到这一点感到十分自豪。

"在这里，天然的速度极限显然比较低，"他下结论说，"正因为这样，角落里那个警察才显得那么懒洋洋：他不需要注意开车很快的人嘛。"实际上，即使这时在街上行驶的一辆发出全世界最大噪声的小汽车也追不上这辆自行车，相比而言，小汽车看起来就像甲虫在爬行。汤普金斯先生决定追上那个骑车的年轻人，去问一问刚刚发生的那一切是怎么回事。他之所以有这样的勇气，是因为他觉得骑车人是个温和又善良的小伙子。当他确认那个警察正在朝另一个方向看的时候，他偷偷骑上别人停在

汤普金斯先生来到有速度极限的城市

交易所附近的一辆自行车，拼命地向前面赶去。他为自己可能马上会变扁而高兴，因为他的身体最近不断发福，这已经成为他的一桩心事。

然而，令他感到意外的是，在他努力蹬自行车的过程中，他自己和车子都没有任何改变。相反，他周围的景象却发生了翻天覆地的变化：整条街道变短了，商店的橱窗变得狭窄起来，看起来像一条条狭缝，而站在角落里的那个警察则变成他有生以来第一次见到的瘦高的样子。

骑车人和自行车在运动方向上缩扁了

"原来如此，"汤普金斯先生激动地说着，"我现在看出点儿窍门来了。这里可以用上'相对性'这个词。每一个相对于我运动的物体，无论是骑自行车的我还是别人，在我看来都变扁了。"

汤普金斯先生有着出色的骑车技术，于是他想尽办法去追赶那个年轻人。但是他遗憾地发现，想在现在骑的这辆车上加快速度是非常困难的。尽管他使出全身的力气甚至是吃奶的劲头去蹬车子，自行车的速度还是无法变得快起来。他的双腿变得酸痛，但这并没有让他更快速地驶过两根电灯杆。现在他非常清晰地认识到，那个骑车的小伙子和他刚刚碰到的那辆汽车为什么不能跑得更快一些。于是，他想起那位教授所说的话：任何运动物体的速度都不可能超越光速这个极限。

不过汤普金斯先生注意到，随着他不断地蹬自行车，这个城市的街道变得越来越短，而他和前面蹬车的那个小伙子的距离也变得近了起来。过了一会儿，他追上了那个小伙子，在他们并排蹬着车子前进的一瞬间，他意外地发现，那个小伙子实际上是个完全正常甚至有点儿像运动员的青年。

"哦，这一定是因为我和他之间没有做相对运动。"他做出结论道。接着，他就同那个小伙子闲聊起来。

"打扰一下，先生！"汤普金斯先生说，"你不觉得住在一个速度极限这么低的城市里，会不方便吗？"

"速度极限？"对方惊讶地回答，"这里哪有什么速度极限。在任何地方，我想骑多快就骑多快。如果有一辆摩托车可以代替这个费力气的玩意儿，我就可以骑得更快了。"

"但是，刚才我看到你骑车经过我时，你的速度很慢，"汤普金斯先生强调，"我特别注意到这一点。"

"嗯，你特别注意了，对吗？"年轻人有点儿不太高兴地说，"我认为你并没有意识到，从咱俩开始谈话到现在，我们已经通过5个十字路口了。难道你觉得我们的速度还不够快吗？"

"但是，是因为这些街道变短了。"汤普金斯先生坚持着自己的意见说道。

"我们骑得快和街道变短，这两者有什么不一样呢？如果我要去邮局，就需要跑过10个交叉路口，倘若我蹬得快一些，街道就能变短些，我也能早点到达邮局。你看，其实我们已经到了。"年轻人说着从自行车上下来了。

>>> 变慢的手表

汤普金斯先生看了一眼邮局门口上方的时间，发现已经5点半了。"你看，"他得意地说，"不管怎么说，你用了半个小时的时间，通过10个交叉路口——我第一次看到你的时候，正好是5点整！"

"你真的感觉已经过去半个小时了吗？"对方问道。

汤普金斯先生不得不承认，他确实觉得时间只是过去了几分钟。于是，他又低头看了一眼手表，发现时间其实才5点5分。"哎呀！"他惊叹道，"难道是邮局的时钟走快了？"

"如果不是它走快了，就是你的手表走慢了，而这恰恰是因为你刚才骑得太快。可是说到这里，这又和你有什么关系呢？你是从月亮上来的吗？"年轻人说完就走进了邮局。

经过这段谈话，汤普金斯先生了解到，如果那位老教授没有解释这些奇怪的事情，他一定会非常困惑并且感到不幸。那个年轻人显然是本地人，甚至在他还不会走路的时候，就已经能把这些当作理所当然的事情了。所以，汤普金斯先生只好独自去探索这个奇特的世界。他把手表上的时间调到和邮局时钟所指的时间一致后，又等了10分钟，想验证手表走得是否准确。结果发现，他的手表没有问题。

于是，汤普金斯先生继续沿着大街骑行到了火车站。他决定再对一次表。出乎他的意料，手表再次变慢很多。

"好吧，这肯定又是某种相对性效应作怪了。"汤普金斯先生得出了结论。他决定去寻找一个比骑自行车的小伙子更有学识的人，弄清楚到底发生了什么。

>>> 年轻的爷爷与白头发的小孙女

汤普金斯先生很快就找到了机会。他看到一个40多岁的绅士下了火车，走向车站的出口。在出口迎接绅士的是一个很老的女人，更让汤普金斯先生吃惊的是，这个女人竟然叫那位绅士"亲爱的爷爷"。汤普金斯先生无法理解眼前的景象，于是他借口去帮绅士搬行李，并同绅士聊了起来。

"非常抱歉，我想稍微打听一下你们的家务事。"他说，"你真的是这位老太太的爷爷吗？因为我是个外地人，我之前没有（见过这样的事）……"

> 在这个城市，光速非常小，和车速相接近，所以经常旅行的人就显得很年轻。因此，"流浪汉"被人们用来称呼那些比常人还要年轻的人。

"哦，我知道了，"绅士的胡子微微上翘，仿佛有些笑意。"我猜，你应该是把我当作**流浪汉**那样的人了。实际上，原因非常简单。我的工作需要常常旅行，这样我需要在

这个女人竟然叫那位绅士"亲爱的爷爷"

火车上生活很长的时间，因此和我那些住在城里的亲属相比，我衰老的速度慢多了。这次回来，还能看到我心爱的小孙女在世，我真是太开心了！但是，很抱歉，我还要把她送上汽车呢。"于是，他匆匆忙忙地把汤普金斯先生丢下，让汤普金斯先生又一次一个人去面对自己的那一堆疑问。

汤普金斯先生在火车站的餐厅里吃着两片夹肉面包，这很大程度上增强了他的思考能力，他一边吃一边思考，思考得更多更远了，他甚至觉得自己已经找出了那个著名的相对论原理存在的漏洞了。

汤普金斯先生在餐厅里边吃边思考

"肯定是这样的，"他端起咖啡喝了一口，继续想，"如果这里的所有东西都是相对的话，那么从旅行者亲属的角度看，这个旅行者应该是个年迈的老头；而从这个旅行者的角度看，他的亲属也应该看起来岁数非常大了。虽然，他们可能都还是年轻人。不过，我现在说的话一点儿价值都没有：白头发怎么可能会是相对的呢！"

因此，汤普金斯先生决定最后再尝试一次，把这件事情弄清楚。于是，他把身体转向坐在餐厅里的一个穿着铁路制服的男人。

"打扰一下，先生，"汤普金斯先生开口说，"能不能麻烦你给我讲一下，经常坐火车的人比定居在一个地方的人老得慢这件事，应该由谁负责？"

"我来负责。"那个人说，十分干脆。

"啊！"汤普金斯先生大叫了起来。"那么，你一定已经能够制出使人永远年轻的药，解决古代炼丹术士的难题。你应该在医药界非常有名吧！你是这里的医药学会的会长吗？"

"不，"那个人被汤普金斯先生的话吓到了，回答说，"我只是在这条铁路上工作，我是一名制动工人。"

"你是制动工人……"汤普金斯先生喊道，他突然觉得很震惊。"你的意思是，你的工作是在火车进站时扳制动器？"

"对，这就是我的工作。火车的每一次减速，都会让乘客在保持年轻方面更有优势。当然啦，"他谦虚地补充说，"司炉工给火车加速，因此，他在这方面也有自己的贡献。"

"但是，为什么这样就能保持年轻呢？"汤普金斯先生惊奇万分地问道。

"关于这个问题，其实我也不太清楚，"制动工人说，"但事实就是这样。有一次，我们的火车上有一位大学教授，我问他为什么会这样，他针对这个问题说了很多又长又难以理解的话。我记得他最后说，这种现象和某种太阳的'引力红移'很相似。你听说过红移吗？"

"没有。"汤普金斯先生犹豫了一下说道。于是，那个制动工人摇摇头走开了。

突然，汤普金斯先生感觉自己的肩膀被一只有力的手摇动着，很快他发现自己并不是在车站的咖啡厅里，而是在大学教授演讲的那个大厅的座位上。

这时候，外面的天空已经暗了下来，大厅里一个人都没有了。那位

汤普金斯先生被门卫叫醒

把他叫醒的门卫说："先生，我们马上关门了。如果你想继续睡，还是请回家吧。"

于是，汤普金斯先生起身朝门口走去。

2.

教授那篇让汤普金斯先生
做梦的关于相对论的演讲

关于时间这个概念，爱因斯坦有一个完整的观点，他认为在经典物理学中，时间是一种独立的、可以完全不依赖于空间和运动的东西，正如牛顿所形容的那样，它是"均匀地流动的，不依赖于任何外界事物"；然而新的物理学中却有着相反的观点：空间和时间的关系是非常紧密的，它们是两个让我们可以看到事件的均匀"时空连续统"的不同截面。

我们会根据观察时所用的参考系的不同，而把这种四维的时空连续统进行分解，分成三维的空间和一维的时间，这其实是一种随机的做法。

女士们、先生们：

在人类智慧的萌芽阶段，空间和时间就已经被人们当作会发生各种事情的舞台。这种理论被人们一代一代地传下来，其本质没有发生什么改变；并且，精密科学一直以来都是被用来对宇宙进行数学描述的基础的。作为第一个清晰地阐释了经典时空概念的人，牛顿在《自然哲学的数学原理》一书中写道：

绝对空间的本质是永远不会变化的，它不依赖于任何外界事物。

绝对的、真实的数学时间的本质也是不依赖于任何外界事物，是永远均匀地流动的。

>>> 经典时空概念面对的挑战

从前，人们一直坚持着这些经典时空概念的绝对正确性，正因如此，不论是哲学家还是科学家，他们都把这些概念看作某种先验的东西，没有人对此产生过怀疑。

但是，在20世纪初，人们意识到，如果把采用实验物理学最精密的方法而得到的结果强行纳入经典时空概念的框架中，就会有一些明显的矛盾出现。当代最优秀的物理学家爱因斯坦对这个事实产生了一个具有颠覆性的想法，他认为，如果把传统的理论拿开，经典时空概念无论如何都不能被看作绝对真理，人们不仅要想办法，而且也必须改变这些理论，使它们适应新的、更严谨的实验。

事实上，人们通过日常的生活体验建立了经典时空概念的基础，那些在超强的实验技术的基础上建立的严谨观察方法可以验证，那些旧的理论是不准确、不严谨的。它们之所以在之前的日常生活和物理学发展的初期能够被使用，仅仅是因为它们的准确性接近正确概念。因此，我们也不必为此感到惊讶了。同理，如果随着现代科学领域的不断扩大，当我们遇到经典时空概念和现代科学理论之间差异非常大，甚至经典概念无法应用的情况时，我们也应该觉得这是很正常的。

人们发现了真空中的光速是一切可能的物理速度的上限这一事实，使经典概念从根本上遭到批判。这个出人意料的重要结论，是由美国物理学家**迈克尔孙**经过实验得出的。19世纪末，迈克尔孙想方设法地

迈克尔孙（1852—1931），美国科学家，他主要从事光学和光谱学方面的研究，以毕生精力致力于光速的精密测量。这里指的是他利用自己发明的干涉仪所做的实验，该实验否定了以太的存在。

希望能观察到地球的运动和光的传播速度之间的关系，但他发现，地球的运动对光的传播没有丝毫影响，并且光在真空中的速度是永远固定且不变的。不论在什么系统中测量它，也不论光源是否在运动，结论都是如此。这个发现震惊了他和整个科学界。不用说，这样的结果过于离奇，并且和我们知道的最基本的运动概念相冲突。

事实上，如果有一个物体在空间中快速运动，而你也快速地面向它运动，那么这个运动物体在撞向你身上时的速度会更大，这个速度是物体的速度和你的速度相加之后的结果。

相反地，如果你和这个物体是向相同方向运动，并且你在它的前面，那么它撞在你身上的速度就会比较小，这个速度等于它的速度和你的速度相减得到的结果。

如果你乘坐了一辆正在行驶的汽车，并且向着一个在空气中传播的声音行进，那么你坐在汽车里测得的速度就会大于原来的声速，也就是原来的声速加上汽车的速度的结果。

相反地，如果声音在你乘坐的汽车的后面，并且一直追赶着你，那么你测出来的声音的速度也就随之减小。这种情况被我们称为速度叠加定理，这个定理一直被认为是无须证明的。

但是，已经有一些极其精确的实验表明，这个定理在光这个问题上是不成立的：光在真空中的速度是300,000千米/秒（我们通常用字母 c 来表示它），并且它永远保持不变，不管观察者的运动速度有多快，我们得到的结果都是这样。

举个例子，比如有一列速度非常快的火车，假设它的速度相当于光速的3/4，这时，有一个人站在火车顶部，向火车头跑去，他的速度也会是光速的3/4。

根据速度叠加定理，人和火车的速度之和应该是光速的1.5倍，这样的话，在车顶奔跑的人既能赶上路边信号灯发出来的光，又能超过它。但事实上，我们已经得出了一个实验结果：光速是固定不变的，并且是物理速度的上限，那么在刚才的例子里，总速度不能超过极限值c，也就是低于我们估计的速度值了。因此，我们的结论是，即使我们在对比较小的速度进行研究时，速度叠加定理也不能得出正确的结果。

人在火车顶上追赶光信号

在这里，我就不过多解释关于这个问题是如何进行数学处理的了，但是如何计算两个物体的叠加运动后的合成速度，有一个非常简单的公式可以告诉你们。

如果两个要相加的速度用v_1、v_2表示，光速用c表示，那么合成速度与原来速度的关系应该是：

$$v = \frac{v_1 \pm v_2}{1 \pm \frac{v_1 v_2}{c^2}} \qquad\qquad (1)$$

从这个公式可以看出，如果v_1和v_2是相较光速而言都非常小的数值，那么上面这个公式中分母的第二项同1相比较，数值小到几乎可以忽略不计，这时，这个公式计算出来的结果就和速度叠加定理得出的结果几乎一致。

但是，如果v_1和v_2都是比较大的数值，那么这个公式计算出来的结果要比两个速度相加之和小一些。

例如，刚才的例子中，那个人在火车顶朝着火车头奔跑，$v_1 = \frac{3}{4}c$，$v_2 = \frac{3}{4}c$，那么，根据上面的公式可以计算出合成速度为$v = \frac{24}{25}c$，仍然小于光的速度。

但是还有一种特殊的情况，如果v_1和v_2中有一个速度的数值等于c的时候，无论另一个速度是多少，根据公式 $v = \frac{v_1 \pm v_2}{1 \pm \frac{v_1 v_2}{c^2}}$ 计算得出的结果都等于c。

由此可见，不管有多少个速度叠加起来，都不会出现比光速更大的速度。

当然你也知道，已经有实验证明过这个公式的正确性了——人们的实验结果表明，两个速度的合成速度总是小于它们的算术和。

在我们承认速度有上限这个事实后，我们现在可以驳斥一下经典的时空概念。在这里，我们首先要研究一下依据时空概念建立起来的同时性概念。

>>> 同时性概念

"当你在伦敦把火腿炒鸡蛋端上餐桌的时候，开普敦附近的地雷爆炸了。"——你一定觉得你知道自己说的这句话是什么意思。但我需要告诉你，其实你根本不知道自己在说什么，进一步讲，你刚说的这句话其实是没有任何明确的含义的。在现实生活中，你如何才能证明你说的这两件事是在同一时间两个不同的地方发生的呢？也许你会解释，可以根据钟表上的时间进行判断，只要发生这两件事时，钟表上的时间一致就可以了。那么问题又来了：如何才能把分别放在两地的钟表摆在一起，看到他们同时指着同一个时刻呢？这样，我们似乎又回到了刚才的第一个问题上。

我们首先要明确一个事实：真空中光的速度不会受到光源的运动状态和测量光速的系统的影响。在这个基础上，通过测量距离并记录不同观察站的时间的方法是最为正当的。如果你深入地想一想，你一定也会认为这是正确的，同时也是唯一合理的。

假设我们从A站发出一个光信号给B站，光信号在到达B站后必须马上返回A站。我们需要记录一下信号从A站发出到最后返回到达A站的时间，用这个时间的一半乘以固定的光速，就能得出A站与B站之间的距离。

如果在光信号到达B站的那一个时刻，正好就是A站发出信号和收到信号的两个时刻的平均值，我们就可以认为A站和B站的时钟上出现的时间是一样的。我们用这种方法把各个观察站之间的时钟一一对准，最后就得到了我们需要的**参考系**，也就

> 参考系也叫"参照系""参照物"，指为了确定一个物体的位置和描述其运动而被选作基准的另一个物体。同一个物体的运动状态从不同参考系看来是不同的。

任何力的作用下，体积和形状都不会发生改变的物体叫"刚体"。它是力学中的一个科学抽象的概念，是一个理想模型。事实上，任何物体受到外力的作用，都会改变形状。

可以说明那两件事是否是在不同地方同时发生的了。

但是，另一个参考系中的观察者会不会认可这些结果呢？为了解释这个问题，我们首先要做一个假设，这两个参考系是在不同的**刚体**上，或者是固定在两枚速度相同且保持不变的火箭上，而且这两枚火箭的飞行方向是相反的。这时，如何才能把两个参考系的时间调成一致的呢？

假设每一枚火箭的两端都有一个固定不变的观察者，那么两枚火箭上的这四个观察者的钟表上的时间就需要统一。首先，把之前所说的方法再改进一下，就能让每一枚火箭上的两个人的表对准。改进后的方法就是：用量尺在火箭上量出中间点，从这个中间点向两端发出光信号，当信号到达火箭的两端的那一刻，观察者需要把他们的手表调至零点。这样的话，从观察者本身出发，他们已经把参考系确定下来，也就是把他们的表对准了。

现在需要确定一下，另一枚火箭上记录的时间和刚才记录的时间是否一样。比如，当两枚火箭擦身而过时，这两枚火箭上的观察者的表是否在同一个时刻？

我们有一个方法可以验证：把一根带电的导体插在每一枚火箭的几何点上，两根带电的导体就会在两枚火箭擦肩而过时摩擦出一个电火花，电火花发出的电信号就会同时向两枚火箭的两端传去。光信号的传播速度是有限的，传播需要一定的时间，所以当观察者接收到光信号时，两枚火箭已经各自飞出一段距离，它们的相对位置发生了变化，结果观察者A_2和B_2要比观察者A_1和B_1离光源更近（如下图所示）。

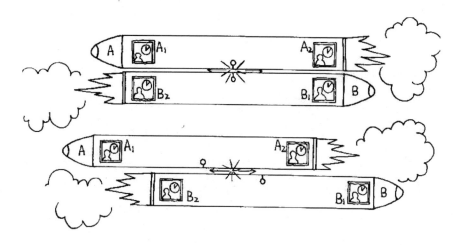

两枚火箭在朝着相反方向运动

很明显，当观察者A_2接收到光信号时，观察者B_1还在A_2后面很远的地方，因此，信号还需要过一段时间才能到达观察者B_1那里。这样的话，根据上面的规定，B_1在接收到信号时把表拨到零点，那么观察者A_2肯定会认为是观察者B_1的表走慢了。

观察者A_1会用同样的理由说，B_2先收到光信号是因为他的表走得太快了。既然火箭A上的两个观察者以同时性的规定为标准，都觉得自己的表是准的，那么他们两个就会一致认为，火箭B上两个观察者的表不准。但是，我们也应该知道，火箭B上的两个观察者也是这样认为的，他们觉得自己的表是对准的，是火箭A上的两个观察者的表走得不一样。

在这两枚火箭具有相同条件的情况下，要处理这两组观察者之间的分歧，其实是有点儿困难的。从这两组观察者的立场来看，他们的说法其实都是正确的，非要判定出哪一方是"绝对"正确的，没有任何物理意义。

希望我这段冗长的演讲没有让大家觉得厌烦，如果你们认真地从开始听到现在，你们一定能够明白，绝对同时的概念并不能用刚才提到的时空测量方法加以证明。发生在同一个参考系中同一时间不同地点的两个事件，如果用另一个参考系的标准去衡量，就会被当作用时间间隔分开了的两个事件。

这种说法听上去有些不合常理，但是如果我告诉你，当你在火车上享用汤和点心时，虽然你是在餐车上的同一个地方吃完它们的，但由于火车的运动，你是在铁路上距离很远的两个地方吃完的。这样说，你还觉得不合常理吗？关于这个例子，也有另一种说法，那就是：发生在同一个参考系中同一地点不同时间的两个事件，如果用另一个参考系的标准去衡量，就会被当作用空间间隔分开了的两个事件。

>>> 时空连续统

你可以比较一下这种"正常"的和"荒谬"的说法，然后你就会发现这两种说法是具有对称性的，只是对换"时间"和"空间"这两个词，就能产生一种新的说法。

关于时间这个概念，爱因斯坦有一个完整的观点，他认为在经典物理学中，时间是一种独立的、可以完全不依赖于空间和运动的东西，正如牛顿所形容的那样，它是"均匀地流动的，不依赖于任何外界事物"；然而新的物理学中却有着相反的观点：空间和时间的关系是非常紧密的，它们是两个让我们可以看到的事件的均匀"时空连续统"的不同截面。我们会根据观察时所用的参考系的不同，而把这种四维的时空连续统进行分解，分成三维的空间和一维的时间，这其实是一种随机的做法。

如果在一个参考系中，分隔开两个事件的空间距离是l，时间间隔是t；那么从另一个参考系的角度看，它们就是由空间距离l'和时间距离t'分隔开的。这样的话，我们可以认为其实是把空间和时间的位置进行了对调。

所以上面我们提到的在火车上吃饭的例子，就是把时间变换成空间了，这看起来就是一个很普通的概念，但当我们把空间变换成时间时，会使时间变得相对，就显得很反常了。我们应该用一种"合理的时间单位"来表示，而不是常用的时间单位"秒"，比如如果我们用"厘米"来表示距离，那么相应的单位应该是光信号走过1厘米距离时用的时间，也就是0.000,000,000,03秒。

因此，在我们的日常生活中，我们不能观察到空间间隔变换成时间间隔而产生的结果，这也在某种程度上证明了那个古典观点：时间是某种绝对独立的、固定不变的东西。

但是，相对论也会在一些情况下变得非常重要。比如当我们研究具有极高速度的运动时，诸如放射性物质所发射的电子的运动，我们必然会遇到刚才讨论的那两种效应，因为在这种情况下，电子在某一时间运动的距离和用合理的时间单位所表示的时间是同一个**数量级**。另外，在研究运动速度比较小的问题时，也可以看到相对性效应。比如在对太阳系中的行星运动进行研究时，可以借助越来越精确的天文观测。不过，行星运动的变化都非常细微，需要我们测出精确到每

> 数量级是量度或估计物理量的大小时常用的一种概念。当某个量的数值写成以10为底数的指数式时，指数的数目（不考虑10前面的数字）就是该数的数量级，例如地球的半径为6378千米，可以写成6.378×10^3千米，对千米来说，它的数量级是3，或说成10^3千米。

年运动的总和为几分之一弧秒的变化。

>>> 相对性效应的变化

刚刚我已经详细地为大家说明，当我们对经典时空概念进行批判时，就会得出一个结论：时间间隔和空间间隔是可以相互变换的，也就是时间间隔能变成空间间隔，空间间隔也能变成时间间隔。那么当我们运用不同的运动对同一个距离或时间进行测量时，得到的数值也会不同。

上面这个问题可以通过简单的数学分析推导出一个公式来，这个公式可以明确地计算这些值的变化，在这里我就不详细介绍推导的过程了。我只想简单地介绍一下这个公式，它讲的是假如有一个物体的长度为 l，它相对于观察者进行运动的速度为 v，它在运动方向上运动的长度就会缩短，缩短的数值和它的速度有关。那么观察者最后测量的长度为：

$$l' = l\sqrt{1 - \frac{v^2}{c^2}} \qquad (2)$$

与此相似，用一个做相对运动的参考系对一个运动过程进行观察时，它所花的时间将变得长一些，也就是：

$$t' = \frac{t}{\sqrt{1 - \frac{v^2}{c^2}}} \qquad (3)$$

它们就是相对论中的"空间缩短"（长度收缩）效应和"时间膨胀"（钟慢）效应。

　　一般说来，当 v 远远小于 c 时，这两种效应是非常不明显的；但是，当速度 v 足够大时，用一个处于运动状态的参考系观察，得到的长度就可能是任意的，而时间间隔也可能是任意的了。

　　希望大家还记得，这两种效应是完全对称的，因此，乘坐快速运动的火车的旅客会觉得在停着的火车上的旅客长得很瘦，运动很慢。同时，停着的火车上的旅客也会有相同的想法，他们会对行驶着的火车上的旅客感到奇怪。

　　物体运动是有速度上限的，这个事实和运动物体的质量也密切相关。按照一般的力学原理，物体的质量在物体开始运动或使物体的运动速度加快的难度上起到了决定性的作用。质量越大，物体的速度增大的难度也就越大。

　　根据任何物体的运动速度在任何条件下都小于或等于光速的这个事实，我们可以推断出一个结论：当物体的速度足够大，几乎和光速一样时，它本身的质量会无限制地增大，成为它进一步加速的阻力。通过数学分析，我们可以总结出这种情况下的公式，它和公式 $l' = l\sqrt{1 - \frac{v^2}{c^2}}$ 和 $t' = \dfrac{t}{\sqrt{1 - \frac{v^2}{c^2}}}$ 非常相似。物体在速度非常小的时候的质量为 m_0，那么当速度等于 v 时，质量 m 就应该是

$$m = \frac{m_0}{\sqrt{1 - \frac{v^2}{c^2}}} \tag{4}$$

　　因此，当速度 v 越来越趋近于光速 c 时，加速时所遇到的阻力就是物体本身的质量，就会变得无限大。

　　我们可以很容易地通过高速运动粒子的实验，来观察质量发生相对性效应的变化。例如，放射性物质所发射出的电子（速度等于光速的

99%）的质量，要比静态电子的质量大很多倍；而所谓宇宙线中的电子
（运动速度常常达到光速的99.98%）的质量，则比静态电子的质量大
1000倍。

　　面对这些高速运动的物体，已经无法用经典力学进行研究，这时，
我们就要进入纯相对论的范围。

3

汤普金斯先生去度假

当教授在不停地说话时，一些反常的变化在他们周围悄悄发生：走廊一端的空间开始变得非常狭窄，家具都被紧紧地挤在一起；另一端的空间却变得很大，汤普金斯先生觉得它大到整个宇宙都要被容纳进去。

>>> 在火车上与教授相遇

经过那次相对性效应城市的奇遇后，汤普金斯先生的心情非常好，但美中不足的是，他非常遗憾当时教授没有和他在一起，也就没办法为他解释那些他在相对性效应城市看到的古怪的事情。这些事情中最让他感到迷惑不解的，是铁路上的制动器到底是如何使乘客保持年轻的。于是，在很多个夜晚，当他准备睡觉时，都希望能再次回到那个有意思的城市。但汤普金斯先生很少做梦，即使做梦也都是些让他不太开心的内容；上一次，他梦到银行经理因为他的银行账目不清楚而发火……因此，他觉得需要请一个疗养假，去海边之类的地方待上一个星期。

正因为这样，此刻汤普金斯先生坐在火车的座位上，透过车窗看到市郊的灰色屋顶变得越来越少，翠绿的牧场逐渐走进他的视野。然后，他拿起一张报纸，努力让自己对越南战争的新闻产生兴趣。但是，这一切都不能提起他的兴趣，倒是火车的摇晃让他觉得很舒服。

当汤普金斯先生放下报纸，再一次望向窗外的时候，他发现外面的景色已经发生了非常大的变化。电线杆像一排篱笆一样，一根一根紧紧地靠在一起，而长着狭长的树冠的那些树木，一棵棵瘦长得和意大利丝柏一样。坐在汤普金斯先生对面的是他念念不忘的老朋友——教授，此刻，教授正饶有兴趣地看着窗外。教授可能是在汤普金斯先生全神贯注地读报时，悄悄进来的。

"现在我们就已经在相对论的领域里了，"汤普金斯先生说，"是这样吗？"

"噢！"教授感叹道，"你已经学了这么多知识了！是谁教你的？"

"我已经来过这个地方一次了，不过，那次的运气并不像这次这么好，能够同你一起旅行。"

"那么，这一次我可以和你一起游览了。"教授说。

"我觉得我还做不到这一点，"汤普金斯先生回答说，"上一次我看到很多现象和平常不一样，但是，和我聊过天的当地人，都无法理解我到底为什么不明白这些现象。"

"这个太正常了，"教授说，"他们是在这个世界出生并且长大的，因此，在他们看来，周围发生的所有事情都是稀松平常的。不过我想，如果他们有机会去你生活的世界里游览一下，也会感到十分惊讶。对他们来说，那边的一切也是非常不平常的。"

"我可以问一个问题吗？"汤普金斯先生说，"上次我在这条铁路上碰到了一个制动工人，他坚信，由于火车的刹车和启动，才让车上乘客衰老的速度要比城里的居民慢很多。这到底是一种魔术，还是完全符合现代科学的事情呢？"

教授也坐了进来

　　"不管你有什么理由，也不能用魔术来解释一件事，"教授说，"你说的那个问题是由于物理学定律在物体上作用后导致的结果。爱因斯坦提出了新的时空概念（这种概念在宇宙诞生时就已经存在了，只不过刚被人们发现），他在这个概念的基础上指出，在发生一切物理变化时，当发生过程中参考系的运动速度改变时，这些物理变化进行的速度就会降低。在我们生活的世界中，由于这种效应太小了，我们几乎是观察不到的，但是在这里，这种效应因为很小的光速而变得非常明显。

假如说，在这个城市中，你想煮一个鸡蛋，又不想把锅固定在炉子上，于是你拿起锅摇来摇去，让它的速度处于不断变化中，那么本来煮熟鸡蛋的时间只需要5分钟，现在却可能需要6分钟。同样，如果有一位乘客乘坐了一列速度不断变化的火车，那么一切在他体内发生变化的速度也会变慢；在这种情况下，我们的生命发展进程也就变得缓慢了。不过，由于这些全部的变化过程具有相同的变慢速度，所以物理学家们更倾向于说：'时间在一个非匀速运动的系统中的流动会比较慢。'"

"可是，科学家真的在我们原来的世界里观察到这种现象了吗？"

"是的，他们观察到了，不过这需要高超的技巧才能完成。想要通过技术达到必要的加速度是很困难的；但是，非匀速运动的系统中，通过一定的条件而得到的结果，与在一个强大的引力作用下得到的结果很相似，也可以说完全相同。你可能已经发现，当你乘坐电梯时，电梯加速向上升会让你觉得自己变重了一些；相反，电梯下降会让你觉得自己的重量好像失去了一些（如果传送电梯的钢绳断了，你的感觉会更明显）。出现这种现象的原因是：人对地球的重力，除了万有引力，还需要加上或扣除加速度所产生的引力场。我们已知太阳上的引力大于地球上的引力，那么在太阳上事物发生变化的过程就一定会稍稍慢一些。这样，天文学家们就能观测到这种效应。"

"但是，天文学家是如何观测的呢，他们总不能跑到太阳上去吧？"

"并不用。他们只需要观察从太阳射到我们这里的光线就可以了。太阳大气中有各种原子，这些原子在振动时发出的光就是阳光。如果在太阳上发生的过程都变慢了，那么原子振动的速度就会降低一些。这样，比较阳光同地面光源所发出的光，就可以发现它们之间的差异。我顺便问一句，"教授停顿了一下问道，"现在我们经过的是什么地方？"

>>> 月台上的谋杀案

　　此时，火车经过了一个乡村小站的月台，月台上没有旅客，只有一个站长，还有一个年轻的搬运工人坐在运送行李的手推车上看报。突然，站长举起双手朝向天空，然后又猛地倒在了地上。可能是受火车的噪声影响，汤普金斯先生并没有听到枪声，但他看到站长的身下流出了一大摊血，马上明白发生了什么事情。教授急忙扳下紧急刹车阀，火车突然一顿便停下了。当他们从车厢里走出来的时候，那个年轻的搬运工人跑向倒地的站长，与此同时，还有一个乡村警察也赶向出事的地点。

月台上的谋杀案

"子弹从心脏穿过，"乡村警察在检查完尸体后得出结论，同时一把按住了搬运工人的肩膀，继续说，"我现在宣布你是杀害站长的凶手，我要逮捕你。"

"不是我杀的他，"那个悲惨的搬运工人大叫起来，"当枪响时，我正在看报。这两位先生从火车上下来时，应该都看到了，他们可以证明我是无辜的。"

"是的，"汤普金斯先生说，"我刚刚亲眼看到，当站长被杀时，他在看报纸。**我可以对《圣经》起誓。**"

> 《圣经》被西方信奉基督教的国家看作最神圣的东西。所以，无论是总统上任，还是证人在法庭作证，都要用《圣经》宣誓，以示庄严。

"但是，你当时所在的火车是正在行驶的，"警察用带有威严的语气说，"因此，你并不能证明你看见的事情。因为假如你在月台上，你可能会看到这个人在那时正好开枪。难道你不清楚，两件事情是不是同时发生，是由你从哪一个系统观察决定的吗？乖乖地走吧。"他对那个搬运工人说。

"很抱歉，警察先生，"教授插话进来，"但是，你完全错了。我不认为警察局的其他人也会像你这样疏忽。当然了，在你们的国家里，同时性确实是个高度相对的概念。而且，要判断不同地点的两个事件是不是同时发生的，的确取决于观察者的运动状态。但是，即使在你们的国家，也不可能有人先看到事件的后果，然后看到事件的起因。你永远不能在一封电报发出之前，就收到这封电报，不是吗？或者说，在还没打开酒瓶的时候，你就能把酒瓶里的酒喝下去。现在的情况是：我们是先看到站长中枪后倒下去，才看到搬运工人拿起这把枪的。我知道，你一定在想是因为火车在运动着，所以我们会在看到开枪的结果发生以后很久，才能看到开枪的动作。但是，这件事无论在哪个国家都是完全不可能发生的。据我了解，警察局要求你们一切按照训令上所写的东西执行，你要是看看训令手册上的条文，也许就能找到一些和当前情况相关的依据了。"

那个警察被教授权威的话语所打动，他掏出袖珍训令手册，在手册中缓慢地寻找着。不久，他宽大的红色脸庞上浮现了一个羞涩的笑容。

"找到了，"他说，"手册上第37节第12款第5条：'如果有确凿的证据能够证明犯罪发生的那一刻或者在时间间隔 $\pm d / c$ 内（c 是天然速度极限，d 是离开犯罪地点的距离），有人目击某个嫌疑犯在做其他的事情，那么不管证据是否来自运动系统，都可以把它当作这个嫌犯当时不在犯罪现场的完整证明。'"

"你是无罪的，小伙子，"他对那名搬运工人说，然后转过头来对教授说，"非常感谢您，先生。如果不是您的帮忙，我回到警察局会碰到麻烦的。我当警察的时间还不长，不太熟悉这些条文。但是，不管怎么样，我现在还得赶紧把凶杀案报告上去。"说完，他就去打电话了。过了一会儿，他在月台那边对我们喊着："现在所有问题都解决了！真正的凶手在跑出车站时已经被抓起来了，再一次谢谢您！"

"我可能太笨了，"汤普金斯先生说，这时火车启动了，"不过，刚才你们关于两件事是否是同时发生的讨论，究竟是怎么回事呢？难道同时性在这个国家真的没有任何意义吗？"

"确实如此，"教授回答他说，"但这种说法是在一定的适用范围内才成立的，不然，我也没有办法去帮助那名搬运工。正如你所知道的，由于任何物体的运动或信号的传播都有一个天然的速度极限，'同时性'这个词的字面意义就被否定了。通过下面的例子，你应该能更容易明白这一点。假设你有一个朋友住在很远的一个城市，你平时和他保持联系是通过写信这种方式，并且邮车是最快的交通工具，需要3天的时间，邮车才能把信从你的城市送到他的城市。现在再假设星期天你遇到了一件事情，你知道你的朋友也会遇到同样的事。显然，在星期三之前，你是无法通知到他的。另外，如果他提前知道你要经历的事情，那么他至少要在上个星期四通知你，这样你才能够在事情发生之前知道。那么，一共有6天的时间，也就是从上个星期四到下个星期三，你的朋友既不能通知你让你注意星期天要发生的事情，也没办法知道你是否真的遭遇了这件事。因此，从因果关系的角度看，你们有6天的时间是断了联系的。"

"那么为什么不用电报呢？"汤普金斯先生指出。

"我已经假定邮车的速度是最快速度了，目前在这个国家里，这一点应该是正确的。在咱们老家，光速是最快的，你发送的任何信号都不会比用无线电传递得快。"

"但是，"汤普金斯先生说，"即使邮车的速度是最快的、无法超越的，它和同时性也没有什么关系呀？我和我的朋友，难道不是同时在星期天吃晚饭吗？"

"不是的，你的说法在这种情况下其实是没有任何意义的。会有观察者认同你的说法，但是还会有其他在不同火车上的观察者坚信，当你在星期天的晚上吃饭时，你的朋友正在星期二的早晨吃饭或者是星期五的中午吃饭。如果时间长于3天，没有人能够观察到你和你的朋友吃东西的时间相同。"

"但是，这是不可能的啊！"汤普金斯先生并不认同教授的观点，大声喊道。

"这个问题很简单。可能你已经在我演讲时发现这一点了：在不同的运动系统中能观察到完全相同的速度上限。如果我们认为这一点是正确的，那么我们就能得出结论……"

但是，此时火车已到站，汤普金斯先生该下车了，他们的谈话便被打断了。

>>> 正曲率与负曲率

汤普金斯先生到达海边后，第二天早晨，他下楼去吃早饭，当他来到旅馆那条长长的玻璃走廊的时候，一件出人意料的事情正在等待着他。走廊对面的角落有一张餐桌，那里坐着老教授和一个漂亮的姑娘，小姑娘正在兴致勃勃地给教授讲着些什么，而且还时不时朝汤普金斯先生坐的这张桌子看过来。

"我猜，肯定由于我在火车上睡了过去，才会让我现在看起来很窘迫，"汤普金斯先生心里想着，对自己感到懊恼，"教授呢，可能还没有忘记我问的那个怎样变年轻的糟糕的问题。不过，这样至少能让我离他更近一些，让我把那些不清楚的事情弄明白。"他甚至不想承认他不只是想和教授说话。

"啊，对了，我记得我演讲时见过你，"当教授和他的女儿准备从餐厅走出去时，教授对汤普金斯先生说，"这是我的女儿慕德。她在学画画。"

"见到你很高兴，慕德小姐，"汤普金斯先生说，他觉得慕德是他听过的最好听的名字了，"我猜，你一定在这里找到了很多美丽的速写素材吧。"

"等她画好了，会给你看的，"教授说，"不过，你是否在听我演讲时收获了一些知识呢？"

汤普金斯先生第一次见到慕德小姐

"是的，我收获了很多知识——事实上，我在一个光速大概只有16千米/时的城市里，体验了一把物体的相对性效应收缩，并且也亲眼见到了钟表不一样的表现。"

广义相对论认为，在引力场中，时空的性质是由物体的"质量"分布决定的，物体"质量"的分布状况使时空性质变得不均匀，引起了时空的弯曲。曲率是对空间不平坦程度的一种测量。

"那么，真是很遗憾，"教授说，"你没有继续听我后来的演讲，那是讲解有关**空间曲率**同牛顿万有引力的关系的。不过，我们在这里还有很多时间，这样我就能够把所有的知识都告诉你了。比如，你知道正曲率和负曲率之间的差异是什么吗？"

"爸爸，"慕德噘着嘴说，"你们又要讨论物理问题了，看来，我还是去做点儿别的事情吧。"

"好的，去吧，女儿，"教授说着坐进了一张舒适的沙发中，"小伙子，我猜，你在数学方面的知识并不算多，不过我觉得我应该能把它解释清楚。为了让你更简单地了解，我们先举一个简单的例子。

壳牌指荷兰皇家壳牌集团，是目前世界第一大石油公司，壳牌先生指这个石油公司的经理。

堪萨斯是美国中部的7个州之一，位于美国本土的正中心。

现在让我们想象一下，**壳牌先生**在全世界拥有许多加油站，他想检查一下他的加油站在某一个国家，比如美国，是否是均匀分布的。于是，他让这个国家的中部（一般人们认为**堪萨斯**是美国的中心）的办事处完成一个任务，这个任务就是分别计算出距离这个城市100公里、200公里、300公里的范围内的加油站有多少个。他上学时学过一个公式，圆的面积和半径的平方成正比。因此，他预估如果加油站是均匀分布的话，数量应该呈数列1、4、9、16……这样增加。当他拿到统计报告时，却非常意外地发现，加油站的数量增长比他想象的要慢一些，比如就像是数列1、3.8、8.5、15……这样增长。"这是什么情况？"他喊了起来，"这些在美国分公司的经理根本不会经营业务，居然在堪萨斯集中了这么多加油站，这种想法太差劲了。"可是你觉得，他得出的结论对吗？

"对吗？"汤普金斯先生重复着教授的话，此时他的心思不在这个问题上。

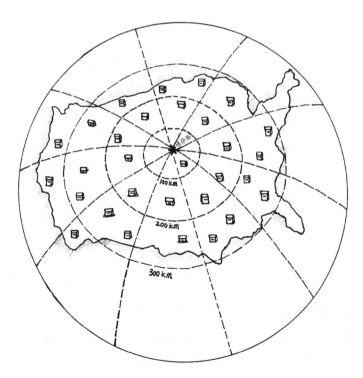

加油站在美国的分布情况

　　"这是不对的，"教授严肃地说，"他忽略了一个问题，地球的表面是一个球面，而不是一个平面。当半径相同时，在球面上半径增大而得到的面积比平面上半径增大而得到的面积少一些。你真的不理解这一点吗？那么给你一个球，试着想象一下。假如说，你现在站在北极，赤道的一半等于任意一条经线，它所覆盖的面积就是北半球。如果半径增加一倍，就能得到整个地球的面积了。这时的面积只是增大一倍，而不是平面上半径增加一倍，面积就增大4倍。现在你理解了吗？"

> 曲率是用来描述线和面弯曲程度的一个量，球面的表面是正曲率，马鞍的表面是负曲率。

　　"理解了，"汤普金斯先生说，他在努力集中注意力，"这是**正曲率**还是**负曲率**？"

　　"这就是我们常说的正曲率，正如你看到的这个例子，正曲率所对应的是表面有确定面积的情况。具有负曲率的表面，可以用马鞍举例。"

　　"用马鞍？"汤普金斯先生重复了一下教授的话。

　　"是的，用马鞍。或者你也可以想象地面上两座山组成的鞍形山口的样子。假设有一个植物学家，他在鞍形山口建了一间茅屋，想研究一下茅屋周围松树生长的密度。

> 尺：市制中的长度单位，1尺 = 0.33米。

如果他统计生长在距离茅屋100**尺**以内、200**尺**以内、300**尺**以内的松树的数量，他会发现松树的数量增加得比距离的平方还快。问题是，如果在鞍形面上的一个图形的半径和一个在平面上的图形的半径是相等的，但是这个鞍形面上的图形的面积会大于平面上的图形的面积。这样的表面被人们称为是具有负曲率的表面。如果把鞍形面展开铺在平面上，有些多出来的地方就要折叠起来；但是如果把球面展开铺在平面上，就需要撕开一些口子，展开面才能变得平整。"

"我懂了，"汤普金斯先生说，"你刚才的意思是，鞍形面和球面不同，虽然也是弯曲的，但是是向四周无限延伸的。"

在鞍形山口的小茅屋

"就是这个意思，"教授赞同地说道，"鞍形面是向四面八方进行无限延伸的，永远都闭合不了。当然，在鞍形山口这个例子中，一旦你到山区外面，其表面就没有负曲率了，因为山区外面是正曲率弯曲的地面。不过，你可以想象一下，处处具有负曲率的表面的样子。"

"不过，它如何在三维的空间中应用呢？"

>>> 三维空间中的应用

"办法其实是一样的。首先我们假设空间中均匀分布了多个天体——也就是说,任何两个相邻的天体之间的距离是固定且不变的。假设你想统计出跟你有不同距离的天体的数量,如果天体的数量随着距离的立方增大而成比例地增大,那么我们就说这个空间是平坦的;如果这个数目的增大速度慢于(或快于)距离的立方,那么我们就说这个空间存在正曲率(或负曲率)。"

"这样说的话,在具有正曲率的空间中,体积在一定距离内会小一些;而在具有负曲率的空间中,体积就会在一定距离内大一些?"汤普金斯先生感到不可思议地说。

"正是如此,"教授笑了,"看来,你已经能够真正地理解我刚刚说的话了。如果想研究我们所居住的宇宙是具有正曲率还是负曲率,就需要统计遥远的天体数量。你可能听说过空间中均匀地分布着一些巨大的距离我们几十亿光年远的星云,我们能看见这些星云,它们是我们进行宇宙的曲率研究的天体。"

"这种研究的结果已经能够证明我们居住在一个有限的封闭的宇宙中吗?"

弗里德曼(1888—1925),俄国数学家、气象学家、宇宙学家,他是用数字方式提出宇宙模型的第一人。1924年,他发表的论文阐述了膨胀宇宙的思想,即曲率分别为正、负、零的三种情况,被称为弗里德曼宇宙模型。

"这个问题,"教授说,"其实还没有解决。爱因斯坦最初发表的有关宇宙发展史的论文中认为,宇宙是不随时间而改变的,它是一个大小有限的封闭的整体。之后,俄国数学家**弗里德曼**在著作中写道,爱因斯坦观点中的基本方程也包含了随着时间的流逝，宇宙会膨胀或收缩的可能性。这个在数学上成立的结论，已经被美国天文学家**哈勃**证实。他用威尔逊山天文台的**100英寸**的望远镜进行观测时发现各个星系在空间

哈勃（1889—1953），他在进行大量的观察后，总结了数据，提出哈勃定理，即星系飞散的速度和它离我们的距离成正比。

英寸：英制中的长度单位，1英寸＝2.54厘米。

中四处飞散，这就意味着，宇宙是膨胀着的。还有一个问题没有解决：宇宙是会无止境地继续膨胀呢，还是会在遥远的未来膨胀达到最大值，然后向回收缩？这就需要进行更详细地天文观察，才能得出答案。"

当教授在不停地说着话时，一些反常的变化在他们周围悄悄发生：走廊一端的空间开始变得非常狭窄，家具都被紧紧地挤在一起；另一端的空间却变得很大，汤普金斯先生觉得它大到整个宇宙都要被容纳进去。于是，他突然担忧起来：慕德小姐还在海滩画画，要是那里同宇宙的其他地方分开，她会不会有危险呢？他和慕德小姐将永远不能相见了。他马上跑向门口，此时教授的声音在他身后响起："小心点儿！普朗克常数正在发生不同寻常的变化。"

>>> 普朗克常数变化带来的影响

当汤普金斯先生到达沙滩时，看到几千个姑娘都在慌乱中向四面八方奔跑，整个沙滩看起来非常拥挤。"我如何才能在这群人中发现我的慕德呢？"他想。但是，这时他发现了一件事，这些姑娘和教授

046

> 测不准原理是量子论的一个基本原理，指的是不能同时确定物体的速度和位置。因此，在普朗克常数不能忽略的情况下，就会有弥散效应发生（详见后文）。

女儿的样貌完全一样，于是，他猜到这只不过是**测不准原理**造成的。过了一会儿，那个异常大的普朗克常数的波动过后，他看见慕德小姐一脸惊恐地站在海滩上。

"啊，是你啊！"她放松下来，呼出一口气，小声说道。"我还以为是火热的太阳让我的脑袋变得不清醒了，我好像看到有一大群人在向我扑过来。你等等我，我回旅馆去拿遮阳帽，很快就回来。"

"不，不要回去，咱们现在需要待在一起，"汤普金斯先生反对说。"我印象中，在这种情况下，光速也是处于变化的状态的。如果你去旅馆然后再回来，就可能看到我已经是一个老头了！"

"不可能，"姑娘说着，但还是用自己的手拉住了汤普金斯先生的手。可是，在他们回旅馆的路上，又遇到了另一个测不准的浪头，这个浪头把岸上的汤普金斯先生和慕德分开了。这时，从附近的小山头上滚下来一大卷折叠在一起的空间，冲击了周围的岩石和渔民的房子，它们都弯曲成了非常滑稽的形状，而由于受到无限大的引力场的偏转，阳光在地平线上消失了，此时汤普金斯先生的周围是一片黑暗。

似乎过了有一个世纪那么长的时间，他听到了一个非常亲切的声音，苏醒了过来。

"啊，"是慕德在说话，"看来，我爸爸的那些关于物理学的言论，又让你进入梦乡了。你愿意和我一起去游泳吗？今天的海水碧绿又清澈，真是太诱人了。"

慕德邀请汤普金斯先生去游泳

　　汤普金斯先生像弹簧一样从沙发上坐了起来。"这样的话，原来刚才我看到的那一切其实是一场梦，"他一边想，一边同姑娘朝海滩跑去，"还是，我现在才是做梦？"

教授关于弯曲空间、引力和宇宙的演讲

任意一个重力场和具有加速度的参考系有等效关系，也就是说，所有有重力场存在的空间都是弯曲空间。更进一步讲，重力场其实就是一种空间曲率的物理表现形式。因此，质量分布会决定每一点的空间曲率，并且空间曲率在重的物体或天体旁边会达到它的极大值。

女士们、先生们：

今天我要为大家讲解的问题是：什么是弯曲空间，以及它与引力现象的关系。毫无疑问，在座的任何一个人都可以很轻松地想象出来一条曲线或是一个曲面。但是，如果我让你们想象一下三维的弯曲空间，你们似乎就不能这么轻松了，你们大概觉得三维的弯曲空间一定是一种极不常见，甚至是不符合自然规律的东西。为什么人们都会对弯曲空间充满"恶感"，难道这个概念比曲面概念更不好理解吗？

>>> 弯曲空间

如果你们能仔细想想，就可能会有很多人说，你们难以想象出一个弯曲空间的原因是，你们不能"从外表"观察它，也就是说你们不能像观察一个球的曲面，或者马鞍那种非常特殊的曲面那样对它进行观察。但是，这样说的人只会暴露他们不了解曲率的数学含义，实际上，曲率的数学意义和它的一般用法的区别还是相当大的。

当数学家在说某个面是弯曲的时候，是在描述这个面上所画的几何图形的性质和平面上的相同几何图形的性质不一样。而且，我们是根据它们偏离**欧几里得**创立的定理来判断曲率的大小。正如你在初等几何学中学习过的，在一张平面的纸上画

> 欧几里得（约前330—前275），古希腊人、数学家、几何学的奠基者。他的著作《几何原本》是欧洲数学的基础，书中提出了五大公设。这本书被认为是历史上最成功的教科书。

一个三角形，这个三角形三个角的总和与两个直角相等。不管你把这张纸弯成圆柱、圆锥，还是更复杂的形状，这张纸上的三角形的内角和都会永远等于两个直角。

这种面的几何性质不会因纸的形变而改变。因此，根据"内在"曲率的观点，尽管人们通常认为形变后得到的面是弯曲的，但它实际上和平面一样平坦。但是，如果你想把一张纸服帖地贴在球面或鞍形面上，就需要把它撕破一点儿；不仅如此，如果你在球面上画一个三角形，也就是球面三角形，那么在这种情况下，欧几里得的关于几何学的定理就不能成立。如果你不能理解它，我们可以用北半球作例子，任何两条经线与赤道相交时都会构成一个三角形，由于经线是垂直于赤道的，所以三角形底边两个角是直角，而顶角也就是两条经线的夹角是任意大的。

而鞍形面上和球面的情况刚好相反，你会惊奇地发现，鞍形面上三角形的三个角的和永远比两个直角之和小。

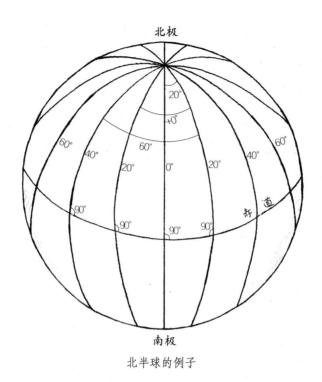

北半球的例子

可见，如果你想弄清楚一个面的曲率，就先要了解这个面上的几何性质，但如果你只是从外表观察，那就很容易发生错误。因为如果只是依靠观察，你可能会把圆柱和环面归为一类，其实圆柱是平面，而环面是不能矫正的曲面。一旦你能够接受这种全新的、严格的概念，你就更能够理解，物理学家所讨论的"我们居住的空间是否弯曲"的问题到底是什么了。问题只不过在于，我们需要查明那些由物理空间构成的图形，到底是否遵循了欧几里得几何学定理。

不过，我们已经确定现在讨论的是现实的物理空间，那么就需要给那些几何术语下个物理定义，具体来说，我们有必要说明，我们应该如何来理解直线的概念。

我想，大家都了解直线最普通的定义：直线是两点之间最短的距离。如果你想测量两点之间的距离，可以用一条绳子在两点之间拉紧。还有一种和它差不多但结果更精确的办法，就是用有一定长度的量尺测量，在两点之间找到一条能够用最少数量的量尺首尾连接的线。

在旋转舞台上测量最短的线

为了验证用这种方法找直线的结果会受到物理条件的影响，我们需要先假设在一个绕轴匀速旋转的巨大圆形舞台上，有一位实验工作者正在想方设法地把位于舞台边缘的两个点之间的最短距离测量出来。他带来了一大把每根都是5寸长的量尺，希望用这些量尺在两点之间首尾相连，成为一条直线，并且尽可能使用数量最少的量尺完成。如果这个舞台是静止的，那么，他用量尺连出的直线应该是图

寸，市制中的长度单位，1寸＝3.33厘米。

中的那条虚线。但是，舞台是一直处于旋转状态的，他的量尺就会发生我上次演讲提到过的相对性效应收缩；而且那些靠近舞台边缘的量尺，因为具有较大的线速度，比靠近舞台中心的量尺收缩得更严重一些。因此，显然，如果想避免每一根量尺出现相对性效应收缩，在舞台上占有最大的距离，就需要在摆放时让它们靠近舞台中心。但是，因为要测量最短距离的直线的两点是固定在舞台边缘上的，所以如果测量这条线的中部的量尺过于靠近中心，就会测量出比最短距离要长的长度。

那么，如果想要得出预期的结果，就应该把这两个方案折中一下：最后得到的是一条稍微鼓向舞台中心的曲线，它是舞台两点之间的最短距离。

如果实验者并没有使用量尺一根一根连接起来测量，而是在上面所说的两点之间拉紧一条绳子，那么结果很明显是一样的。因为每一截绳子都会和单独的量尺一样，发生同样的相对性效应收缩。在这里，有一点需要强调，绳子在舞台开始旋转时发生的形变，和离心力的作用无

> 在离心力的作用下，所形成的曲线鼓出的方向是朝向边缘的。

关。实际上，不管你把绳子拉得有多紧，这种形变都是不会改变的，而且，**离心力作用于绳子的方向与它形变的方向是相反的。**

现在，如果舞台上的实验者想验证一下他这样得到的结果是不是正确的，可以把这条"直线"和光线相比，然后他就会发现，光线和他所得到的那条线的传播路径相同。当然了，在舞台旁边观察的人并没有发现光线弯曲了，他们会觉得是舞台的旋转对光的直线传播施加了作用，才会出现这样的结果。另外，他们还会说，如果你的手在一张正在转动的唱片上沿直线移动，你的指甲不小心在唱片上面划过一道，那么这道

指甲印也肯定会是弯曲的。

　　但是，对于在旋转的舞台上的实验者来说，他认为得到的那条曲线为"直线"是没有错误的：这条线的确是两点间的最短距离，而且和他所在的参考系中的光线重合。假设他用直线把舞台边缘的三个点连接起来，最后形成一个三角形。在这种情况下，三角形的三个角相加一定比两个直角之和小。那么他就一定能够得出结论，并且这个结论一定是正确的：他周围的空间是弯曲的。

弯曲的指甲印

　　现在，我们再来看另外一个例子。假设舞台上有两名实验者，分别是实验者3和实验者4，他们想测量舞台的圆周和直径，从而得出 π 是多少。由于实验者3的量尺的运动方向和它的长度方向是相互垂直的，量尺不因转动而发生变形。但是实验者4的量尺在不断缩短,因此,他得到的圆周的周长一定比舞台不转动时的大。这样的话,用实验者4得到的圆周的周长除以实验者3测量的直径,得到的圆周率π也就一定会比教科书中的π大。这也是空间弯曲造成的结果。

转动除了能对长度的测量有影响外,在其他方面也是如此。把时钟放在旋转的舞台的边缘,时钟因而具有很大的运动速度,因此,正如我上次演讲所提到的理由,舞台边缘的时钟会比处于中心的时钟走的速度慢。

如果现在实验者1和实验者5在舞台中心把时间对成一致的,然后,实验者5戴着表去舞台的边缘,一段时间之后,他会发现他的表和留在舞台中心的表相比,走得太慢了。这样的话,他的结论是:一切物理过程在舞台的不同地方的进程快慢是不一样的。

现在,假设让那些实验者停下来仔细想想,是什么原因导致他们在进行几何测量时会得到不寻常的结果。如果再假设他们所处的舞台是一间旋转的、没有窗户的、四周是封闭的房间,他们就不能察觉他们相对于房间是运动的。这时,如果把他们的舞台相对于安置舞台的"固定地面"是转动的这种因素排除在外,他们能不能认为是由于舞台上物理条件的作用,才产生了他们观察到的结果呢?

如果实验者通过研究舞台和"固定地面"之间存在的物理条件的差异,来解释他们之前观察到的几何图形的改变,那么他们很快就会发现,舞台上有一种新的力能够把一切物体从边缘拉到中心。这样,自然而然地,他们会认为是因为这种力的作用,才会出现他们观察到的那种效应。比如,他们会觉得,两块表中,之所以出现一块表走得比较慢,是由于它在这个力的方向上离力心比较远。

>>> 引力

但是，在"固定地面"上，我们真的观察不到这种"新力"吗？难道我们没有经常观察到把一切物体拉向地心的所谓的重力吗？当然，在前面一种情况中，我们遇到的是来自圆盘中心的引力，而在后面一种情况中，出现的则是来自地心的引力。然而，这只不过说明在力的分布上是不同的。不过，我们也很容易用另一个例子来表明，由于参考系的非匀速运动，才会有这种"新力"产生，其实这种力和演讲厅里的重力完全相同。

假定有一艘宇宙飞船，它是用来进行星际航行的，现在它在空间中的一个离任何一颗恒星都非常远的地方自由自在地飘浮着，因此没有任何引力作用在这艘飞船上。结果，飞船里包括乘坐它旅行的实验者在内的一切物体，都是没有重量的，就像**凡尔纳**的幻想小说《从地球到月球》中描写的阿尔丹和他的旅伴向着月

凡尔纳 (1828—1905)，著名法国小说家、剧作家、诗人。代表作品有《海底两万里》《格兰特船长的儿女》《从地球到月球》。

球飞行时一样，他们都在空间中自由自在地飘浮着。

现在，发动机开动了，飞船开始逐渐加大速度航行。这时会有什么情况在飞船内部发生呢？我们不难看出，飞船处于加速状态时，在飞船内部的物体会朝着飞船底部运动，也可以说飞船底部在靠近这些物体运动——这两种说法其实是一个意思。举个例子吧，如果飞船中的实验者把一个苹果拿在手里，然后放开它，那么这个苹果将在被放开的一瞬间以飞船的运动速度相对于周围的恒星继续运动，并且这种速度是固定不变的。但是，由于飞船本身是加速运行的，飞船的舱底运动的速度越来

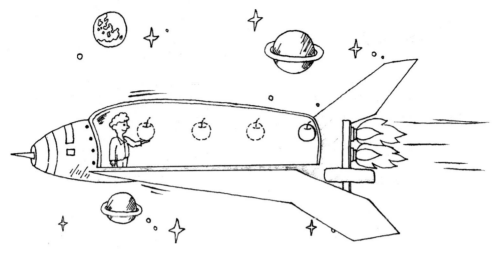

船舱底部的运动速度越来越快，最后会撞上苹果

越快，最后会追上并且撞上这个苹果。从这一瞬间开始，这个苹果就开始保持一种和底部永远接触的状态，这种状态是靠稳定的加速度压在舱底上的。

但是，实验者在飞船内看到这种情况会认为，是苹果以固定的加速度"下落"，落到舱底上后，又用自身的重量压在上面。如果实验者再放开其他物体，让其掉落，他就会进一步了解到，如果忽略不计空气的摩擦力，这艘飞船里所有的物体下落的速度都是一样的。于是这让他想起，这就是**伽利略的自由落体定律**。事实上，他根本无法辨别加速飞行的船舱中的现象和普通的重力现象之间有

伽利略（1564—1642），意大利数学家、物理学家、天文学家、科学革命的先驱、经典物理学的奠基者之一。他在1589—1591年，对物体自由下落运动作了细致的观察（重物比轻物下落快），提出了自由落体定律。

自由落体定律是指物体下落的加速度与物体的重量无关，与物体的质量无关，物体下落的速度与时间成正比。

什么最微小的不同。在加速的船舱里，带钟摆的时钟可以正常使用，书架上可以放书，并且不用担心它们会掉下来，爱因斯坦的照片也可以挂在钉子上。众所周知，是爱因斯坦最先提出，重力场与以适当加速度运动的参考系是等价的，并且在这个基础上创立了所谓的广义相对论。

但是，正如刚才提到的旋转舞台的那个例子，在这里，我们也能观察到一些牛顿和伽利略在进行重力研究时不知道的现象。当光线穿过船舱时，会发生弯曲，而且光线会因飞船加速度的变化而在对面墙上的不同地方投射。当然，船舱外的观察者会把这种现象解释为，是光的匀速直线运动与飞船船舱的加速运动叠加后出现的。

船舱内的几何图形的性质也和普通的几何图形不一样，三条光线构成一个三角形，这个三角形三个角的总和一定比两个直角之和小，而一个圆的圆周与其直径之比就会比圆周率 π 大。在这里，我们举的是加速系统中干扰因素最少、最简单的两个例子。但是，爱因斯坦提到的等效定理，在任何一个规定的、刚性的、不可变形的参考系中的运动也是成立的。

>>> 引力场与重力场

现在有一个最重要的问题需要我们解决。刚才我们已经讲到，我们可以在加速参考系中观察到一般万有引力场中观察不到的现象。那么，加速参考系中发生的光线弯曲或者钟表走得比较慢的这种新现象，是不是同样存在于可测质量所产生的引力场中呢？也就是说，加速度所产生的效应是不是和重力所产生的效应不只是相似，甚至是完全相同？

很显然，把这两种效应看成完全一样的想法，这件事让人觉得很兴奋。但我们想要得出真正的答案，就需要进行各种直接实验来验证。人类希望宇宙中的各种规律尽量是简单的，并且在内在上尽量是一致的，这些实验的确大大满足了我们的需求，因为它们能够证明那些新现象也会存在于一般的重力场中。加速运动与引力场之间的等效关系能让人预期的效应很小：这才导致直到科学家专门探索这一领域时才被发现。

我们可以通过上面讨论的例子，毫不费力地看到两个最重要的相对性效应引力现象，那就是钟表变化的速率和光线弯曲曲率的数量级。

我们首先看一下旋转舞台的例子。初等力学中认为，如果一个粒子质量为1，与中心之间的距离为r，可由下面这个公式算出作用在这个粒子上的离心力：

$$F = r\omega^2 \tag{1}$$

其中，ω为舞台旋转的固定的角速度。因此，如果要计算粒子从中心运动到边缘时的力所做的总功，应该用下面这个公式：

$$W = \frac{1}{2}R^2\omega^2 ，式中R是舞台的半径。 \tag{2}$$

根据等效原理，F相当于舞台上的引力，而W相当于从舞台中心到边缘的引力势之差。

你们应该记得，我上次演讲中讲到的，运动速度为v的时钟走的速度和不运动的时钟走的速度相比，前者比后者要慢一些，两者之间差一个因子：

$$\sqrt{1-\left(\frac{v}{c}\right)^2} = 1 - \frac{1}{2}\left(\frac{v}{c}\right)^2 + \cdots \tag{3}$$

如果v比c小很多，我们就可以忽略不计第二项以后的各项数值。根据角速度$v = R\omega$，"减慢因子"就变成：

$$1-\frac{1}{2}\left(\frac{R\omega}{c}\right)^2=1-\frac{W}{c^2} \tag{4}$$

在这里，时钟速率的变化是由两个地点的万有引力势差表示的。

如果我们在埃菲尔铁塔的底部放一个时钟，在距离塔底300米的塔顶再放另一个时钟，因为这两个时钟之间相差很少的势差，所以底部时钟走慢的因子为：

0.999,999,999,999,97

但是，重力势差在地球表面上却比在太阳表面上大多了，因此经过很精密的测量，可以探测出因势差而产生的减慢因子等于0.999,999,5。当然，不会有人想把钟表凿通后搬到太阳上面，然后观察它是否走慢了。因为物理学家们有其他可以验证的绝妙办法。我们可以通过分光计观察太阳表面上原子的振动周期，比较它的振动周期和同一种元素的原子在实验室本生灯火焰中的振动周期是否一致。可以发现，太阳表面上的原子的振动比地面上的要慢一些，两者的差是公式 $1-\frac{1}{2}\left(\frac{R\omega}{c}\right)^2=1-\frac{W}{c^2}$ 计算后得出的一个减慢因子的数值。因此，太阳上的光比地面光源发出的光稍红一些。这种叫作"红移"的效应，已经被人们在太阳光谱中观察到了。而且人们可以在其他能够准确测定其光谱的恒星上，观察到这样的效应，并且观察结果符合我们的理论公式计算出的值。

因此，红移现象证明了，太阳表面较大的重力势差导致太阳上的各种过程进行得比较慢。

如果想测量重力场中光线的曲率，我们需要利用刚刚提到的宇宙飞船的例子，这样讲比较方便，如果船舱的跨距为l，那么光线在经过这段距离的时间为：

$$t = \frac{l}{c} \tag{5}$$

在这段时间内,飞船的加速度为g,它所飞过的距离为L,根据初等力学公式,我们可以得出:

$$L = \frac{1}{2}gt^2 = \frac{1}{2}g\frac{l^2}{c^2} \tag{6}$$

因此,表示光线方向改变的角度应为:

$$\Phi = \frac{L}{l} = \frac{1}{2}\frac{gl}{c^2} \text{ 弧度} \tag{7}$$

在重力场中,Φ随光走过的距离延长而增大。当然,在这里宇宙飞船的加速度g应该理解为重力加速度。如果现在有一束光穿过演讲厅,假设l为1,000厘米,地面上的重力加速度为981厘米/秒^2,光速c是3×10^{10}厘米/秒,就可以得到

$$\varphi = \frac{100 \times 981}{2 \times (3 \times 10^{10})^2} = 5 \times 10^{-16}\text{弧度} = 10^{-10}\text{弧秒} \tag{8}$$

这样一来,你就可以发现,光线的曲率在这种条件下是不能被观察到的。但是,太阳表面的重力加速度非常大,为27,000厘米/秒^2,并且在太阳重力场中,光线要走很长的一段路程。经过一些准确的计算得出,一束光线在经过太阳附近的表面时,其偏转的角度为1.75″,这和天文学家在发生日全食时,对太阳恒星视位置的位移值进行观测得到的结果一样。你会发现,这个观察结果也证明了加速度和重力具有完全相同的效应。

现在,我们回过头来看一下空间曲率的问题。你大概还记得我们之前得出的结论,根据直线的最合理的定义,我们认为,在非匀速运动的参考系中形成的图形不同于欧几里得的几何学,这种空间就是弯曲空间。任意一个重力场和具有加速度的参考系有等效关系,也就是说,所

有有重力场存在的空间都是弯曲空间。更进一步讲，重力场其实就是一种空间曲率的物理表现形式。因此，质量分布会决定每一点的空间曲率，并且空间曲率在重的物体或天体旁边会达到它的极大值。科学家们对弯曲空间所显示出的性质和它与质量分布的关系也进行了研究，但由于描绘这种关系的公式非常复杂，我就不在这里进行介绍了。我只想提一点，这个曲率不是由一个量决定的，而是由10个各不相同的量决定的。人们一般把这些量叫作重力势的分量$g_{\mu\nu}$，它们是经典物理学中的重力势的拓展。与之相对应，10个数值不同的曲率半径被用来描述每一个点上的曲率，被写成$R_{\mu\nu}$。爱因斯坦用下面这个基本方程描述曲率半径和质量分布的关系：

$$R_{\mu\nu} - \frac{1}{2}g_{\mu\nu}R = -kT_{\mu\nu} \tag{9}$$

式中$T_{\mu\nu}$与物体的很多方面有关，包括密度、速度及可测质量所产生的重力场的其他性质。

>>> 脉动宇宙

在这篇演讲即将结束时，我告诉大家关于$R_{\mu\nu} - \frac{1}{2}g_{\mu\nu}R = -kT_{\mu\nu}$的两个有趣的结果。

第一个：如果我们选择一个质量是均匀分布的空间进行研究，譬如我们的宇宙，这里分布着恒星和星系，那么我们将会总结出这样一个结论：这个宇宙在通常情况下更可能是在大距离上均匀地弯曲，特殊情况是分离的恒星附近偶尔有很大的曲率出现。从数学的角度看，这个公式可以得出几种不同的答案，有的答案证实了宇宙本身是一个封闭的空间，因此它的体积是有限的；还有一些答案则认为宇宙和鞍形面的无限空间差不多，这种情况我在刚开始演讲时就已经提过了。

第二个：这种弯曲空间一直处于膨胀或者收缩的状态中，物理学认为这就表示这种空间中分布的粒子在互相远离（或者反过来，它们在不断靠近）。不只是这样，我们还用这个公式证明了，在体积有限的封闭空间中，这种膨胀和收缩的状态是周期性循环交替的，这也就是我们所说的**脉动宇宙**。但是，"类鞍形"空间作为一种无限的空间，则会在膨胀（或收缩）这一种状态中保持不变。

> 脉动宇宙也叫膨胀的宇宙，指整个宇宙在不断地膨胀，星系彼此之间的分离运动也是膨胀的一部分。

用数学的方法解出的各种不同的答案里，到底哪一个才能适合我们居住的空间呢？这个问题物理学无法回答，只有天文学才能解决，在这里我就不再过多地讨论了。我只想再说一个问题：截止到现在，天文学上的各种现象都能证明，我们的宇宙在不断地膨胀。但是这种膨胀是否在某一天就变成收缩呢？我们这个宇宙究竟是有限大还是无限大呢？现在还没有确切的答案能够解决这两个问题。

处于脉动中的宇宙

5

这时，汤普金斯先生把望远镜放下，他的确能观察到笔记本离他很近了。但是这个笔记本看起来非常奇怪，它的轮廓像用水泡过一样，变得很模糊，他用了很长时间才看清楚教授在笔记本上的字迹。整个笔记本像是一张失焦并且没有洗好的照片。

波提切利 (1446—1510)，15 世纪末佛罗伦萨的著名画家。

邦迪 (1919—2005)，英国天文学家。1948 年，他和其他几位英国天文学家共同提出"稳恒态宇宙理论"。按照这种理论，宇宙是永恒的，没有诞生也没有毁灭，空间中星系的密度永远不变。

达利 (1904—1989)，西班牙超现实主义画家和雕刻家。

>>> 空间弯曲的世界

在海滨旅馆住下的第一个晚上，汤普金斯吃完晚餐后，就去找老教授聊了一会儿宇宙论，然后又和他女儿谈了一会儿艺术方面的事情，最后才回到自己的房间。他用毯子盖住头部，全身瘫软地躺在床上。尽管他已经十分疲倦了，脑海中还是不断出现**波提切利、邦迪、达利、**

霍伊尔、勒梅特和**拉·封丹**这些人，最后，他终于沉沉地睡了过去……

睡到半夜，汤普金斯先生突然醒了过来，并且感觉很惊奇，因为他似乎不是在柔软的弹簧床上躺着，而是在一个坚硬的东西上躺着。他睁开眼后看到，原来自己是在一块大石头上趴着——刚开始他觉得这块石头是在海岸上。但后来才发现，他其实是趴在一块直径约10米的非常大的岩石上面，而这块岩石是悬浮在一个空间中的，完全看不到有什么东西在支撑着它。一些绿色的苔藓覆盖在岩石上，还有一些裂缝里生长着小树丛。有某种朦胧的光笼罩在岩石周围，看起来灰蒙蒙的。

事实上，他从来没见过空气里有这么多灰尘，即使是在美国中西部有关沙尘暴的纪录片中，也没有这么多灰尘。于是他用手帕盖住鼻子，顿时觉得轻松一些了。但是，空间中还有一些东西比灰尘更危险，那就是总会从他旁边飞过一些像他脑袋那么大或者更大的石头，这些石头中有一两块还会打到这块大岩石上，发出如响雷般的奇怪的撞击声。而且，他还发现还有几块像他所在的岩石那么大的石头，在离他不远的地方飘浮着。

> 霍伊尔（1915—2001），英国天文学家，稳恒态宇宙理论的提出者之一。
>
> 勒梅特（1894—1966），比利时天文学家和宇宙学家。他在1927年提出"大爆炸理论"，这种理论认为，宇宙开始于一个小的原始的"超原子"爆炸。
>
> 拉·封丹（1621—1695），法国诗人。

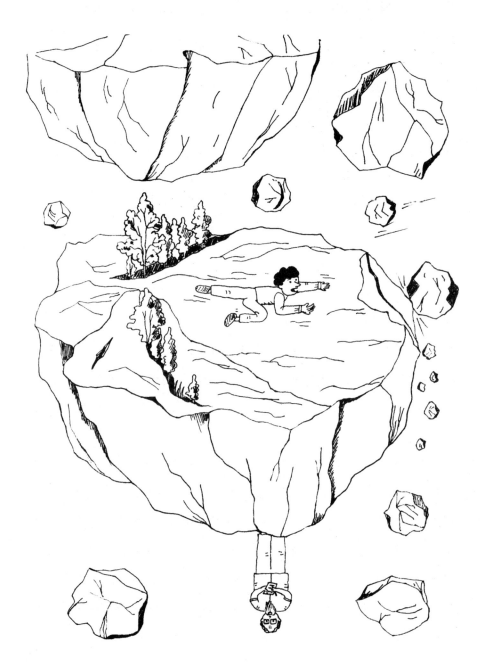

汤普金斯先生来到宇宙中

在这段时间里，他一边小心地观察着周围的环境，一边紧紧地抓住岩石上凸起的棱角，以免跌落到深渊中去。不过，没过多久，他就勇敢地爬到他所在的岩石的边缘，想看一下岩石的下面到底有没有东西支撑。当他努力地向边缘爬去的时候，他非常惊奇地发现，尽管他已经爬过了超过岩石周长1/4的距离，依然没有掉下去，他一直被自身的重量压在岩石的表面上。而且他发现有一条由松散的石头构成的脊背在他原来趴着的那个地方的反面，从这条脊背后面看去，这块石头的确是处在没有任何东西支撑着的状态。当看到昏暗的光线中出现老教授修长的身影时，他显得更加震惊了，老教授的脑袋朝下站着，在他巴掌大的笔记本上记录着什么东西。

汤普金斯先生逐渐明白了这是怎么回事。他记得上学时老师教过他，地球是一块又大又圆的石头，在宇宙中自由地围绕太阳转动。他还想起了有一幅画，上面画着两个人站在地球遥遥相对的两端。那么，这块岩石一定是一颗非常小的行星，靠引力的作用把一切物体固定在表面，他和教授就是仅有的居住在这颗行星上的居民。这让他稍微放松一些了：至少他不会从岩石上跌落下去了。

"教授，早上好。"汤普金斯先生向教授打了个招呼，想让教授转移一下注意力。

教授把头从笔记本上抬起来。"这里不存在早上这种东西，"他说，"这个宇宙中太阳和发光的恒星都是不存在的，幸亏有某种化学过程在这里的各种物体的表面上发生，否则，我都没办法发现并且记录这个空间的膨胀了。"说完，他把注意力又转移回笔记本上。

>>> 笔记本的影像

　　汤普金斯先生非常不高兴：教授竟然是他在这个宇宙中找到的唯一一个活人，而且他还如此傲慢！然而令他感到意外的是，有一颗很小的流星朝教授手里的笔记本砸了过去，发出了"哗啦"的声响，这块石头帮了汤普金斯先生一个大忙，它把教授的笔记本从他手中打了出去，让笔记本脱离了这颗小行星，快速地穿过空间飞去。"现在，你永远都不会看到它了。"汤普金斯先生说，此时，笔记本飞得越来越远，向空间深处飞去，变得越来越小。

　　"和你说的刚好相反，"教授回答说，"因为你看，我们现在所在的空间并不是无限大的。哦，我想起来了，学校的老师之前教过你，空间是无限的，两条平行线永远不会有交点这种知识。但是不管是对我们现在所在的空间，还是可以让其他人生活的空间来说，这些知识都是非常不靠谱的。当然，其他人生活的空间之所以看起来是无限大的，是因为科学家们估计，它目前的直径大约有16,000,000,000,000,000,000,000千米，这对于普通人来说，确实可以说是无限大。如果我把笔记本丢在那个空间里，等它飞回来需要很长很长的时间。不过，我们这里的情况和那里是不一样的。我刚才已经计算出，尽管我们这个空间正迅速地膨胀着，但它的直径只有8千米左右。所以，大概不到半小时，笔记本就能飞回来了。"

　　"这么说的话，"汤普金斯先生有点儿鲁莽地问，"你的意思是，你的笔记本会和澳大利亚土著人的回旋镖一样沿直线做弯曲运动，然后飞回来落到你的脚下？"

　　"并不是这样的，"教授回答说，"如果你想了解到底发生了什么，你可以想想在很久之前的古希腊人，当时的他们不知道脚下的大地是个圆球。如果古希腊国王命令一个古希腊人沿直线一路向北走，那么当这个古希腊人从南方走回来时，国王一定会非常惊讶。古希腊国王并不知道环形宇宙（这里我指的是环形地球）的概念，因此，他觉得那个古希腊人没有按照直线走，而是换了方向走了一条弯路回来。但其实，这个人从出发到回来一直都是按照最直的路线向北走的，他只是绕地球走了一圈，才会从南面回来。我的笔记本也会是这样，除非半路上有别的石头阻挡了它前进的方向，偏离了轨道。现在，让我们用望远镜看看，还能不能看见它。"

汤普金斯先生拿起望远镜放在眼睛前面，他好不容易才透过那影响视线的层层灰尘，看到教授的笔记本正在穿过空间向更远的地方飞去。而且他有点儿惊讶地注意到，在那里，一切物体包括那个笔记本都好像被罩上了一层粉红色。

"啊，"过了一会儿，汤普金斯先生喊道，"我看到你的笔记本开始返回了，它变得越来越大。"

"不，"教授说，"其实它还在向远处飞呢。你觉得它变大了而且像是正要飞回来的情况，只不过是一种幻象，是封闭的球形空间使光线产生了一种特别的聚焦效应而造成的。现在，我们再来谈一谈古希腊人的问题。假如大气的折射使一束光线能够一直沿着地球的曲面前进，再假定古希腊国王有高倍望远镜，那么他就可以在整个旅程中时刻观察到古希腊人。我们可以看一下地球仪上面的经线，这些经线都是直线，它们从地球上的一个极点发散出去，经过赤道后，又开始向对面的那个极点汇合。如果你站在一个极点上，看到光线沿经线的方向射出去，这时有一个人离开你所站的位置向另一个极点走去，你会发现在他到达赤道之前，是越来越小的。但当他越过赤道后，你就会感觉他越来越大，因而给你一种他在用背对着你往回走的错觉。当他到达另一极点后，你看到他变得很大，感觉像是站在你身边一样，但是当你伸手去触摸他时，你会发现你根本触摸不到他，就像你不能摸镜子中的人像一样。听

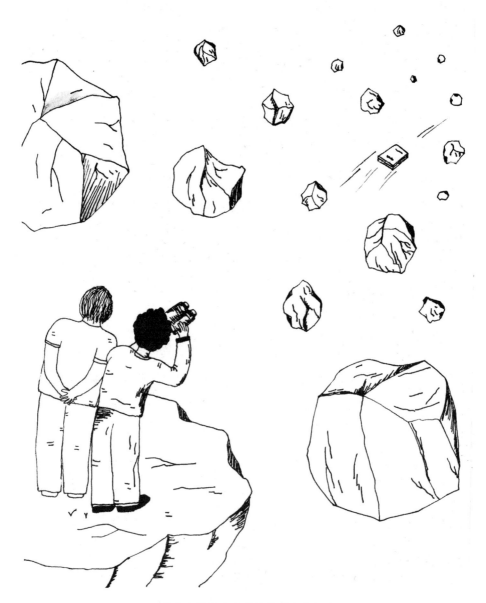

汤普金斯先生拿望远镜看向笔记本

完这个二维的比喻，你大概就能了解，在这个奇怪的发生了弯曲的三维空间中，光线发生了什么问题。我猜，那个笔记本的影像应该离我们不远了。"

这时，汤普金斯先生把望远镜放下，他的确能观察到笔记本离他很近了。但是这个笔记本看起来非常奇怪，它的轮廓像用水泡过一样，变得很模糊，他用了很长时间才看清楚教授在笔记本上的字迹。整个笔记本像是一张失焦并且没有洗好的照片。

"现在你可以发现，"教授说，"这个其实只是笔记本的影像，这个影像在光线传播了半个宇宙后，已经变得不像它本来的面目了。如果你还不相信我说的，你可以试着看一下，你是能够直接看到笔记本后面的石头的。"

汤普金斯先生想用手拿到笔记本，却发现他的手竟然毫无阻碍地穿过了笔记本的影像。

"真正的笔记本嘛，"教授说，"应该马上就要到达这块岩石上的另一个极点了，在这里你只能看到这个笔记本的两个影像——还有一个影像就在你身后。当这两个影像重合的时候，笔记本就到了对面的极点上了。"但是，汤普金斯先生陷入了深深的思考，以至于他没有听到教授说的话。他一直在回想初等光学课上讲的物体是如何通过透镜成像的。当他总算想起来时，两个像已经重合过又开始后退了。

>>> 空间弯曲是由什么造成的

"可是，空间弯曲到底是由什么造成的，从而导致这些可笑的后果呢？"他问教授。

　　"是可测质量的存在造成了这种结果，"教授回答说，"当牛顿发现万有引力定律时，认为重力和弹力（拉紧两个物体间的弹簧产生的力）一样，是一种普通的力。但这样就不能解释一个难以理解的问题：不管重量和尺寸是多大的物体，它们的加速度总是相同的，并且在重力的作用下运动方式也是一样的——很显然，这里我们忽略不计空气的摩擦力以及与之相类似的东西。后来，爱因斯坦认为，空间弯曲率的产生是由有质量的物体造成的。并且，由于空间本身是弯曲的，所以任何物体在重力场中的运行轨道才会弯曲。不过，如果你的数学知识不够多的话，理解起来是很难的。"

　　"还真是这样，"汤普金斯先生说，"但是你能不能告诉我，如果物质不存在，学校教给我的几何学就是不对的，两条平行线是不是永远没有交点？"

　　"它们是不会有交点的，"教授回答，"不过，如果没有物质的话，也没有办法验证这一点了。"

　　"这下好了，说不定根本就没有欧几里得这个人，所以才有那种什么都证明不了的空间的几何学？"

　　但是，对于这种形而上学的讨论，汤普金斯先生显然没有兴趣。

　　此时，笔记本的影像向着最初的方向飞得更远了，之后又开始掉头往回飞。现在它的外形变化更大了，甚至都很难辨认出来。关于这一点，教授认为是光线环绕整个宇宙的结果。

　　"如果你回头看一眼，"教授对汤普金斯先生说，"你就会发现，经过环绕宇宙一圈的旅程后，我的笔记本终于回来了。"说完，笔记本被教授抓住，放回了衣袋里。"你看，"他说，"我们所在的这个宇宙里，灰尘和石头多到让我们无法观察周围的世界了。现在，你能看到你周围那些没有形状的影子，有很大可能是我们自己和这些石头的影像。

不过，由于灰尘的遮挡和空间曲率的不规则性的影响，我也无法说清楚这些影像是对应哪个物体的。"

"是不是在原来我们住过的那个宇宙里也会发生这样的效应呢？"汤普金斯先生好奇地问道。

"是的，当然也会发生，"教授回答说，"只不过，在那个宇宙，由于它太大了，光线环行宇宙一圈需要几十亿年。如果你在理发店想看脑袋后面的头发剪得怎么样，你需要在离开理发店后的几十亿年才能看到。另外，星际尘埃会严重影响物体的影像，导致你根本认不出来。顺便说一句，有一位英国天文学家认为，现在我们可以在天空中看到的某些恒星，其实就是很多年前存在过的恒星的影像，不过，这大概是一句玩笑话。"

>>> 宇宙膨胀与冷却

想尽量理解教授的这一切解释让汤普金斯先生感到疲惫，他环视四周，惊奇地发现，天空中的景象明显地发生了变化。现在周围的尘埃变少了，于是，他从脸上拿下了遮挡尘埃的手帕。此时，汤普金斯先生发现从身边飞过的小石块的数量变少了，它们打在岩石上的力量也变小了。最后，那几块同他所在的岩石一样大的石头也离他们越来越远，飞到看不见的地方去了。

"行，我感觉现在的生活舒服多了。"汤普金斯先生想，"我刚才一直很害怕会被乱飞的石头打到。不过，为什么我们周围发生了变化，这是怎么回事呢？"他转向教授说。

"这个很好解释，我们所在的这个小小的宇宙一直在迅速地发生膨

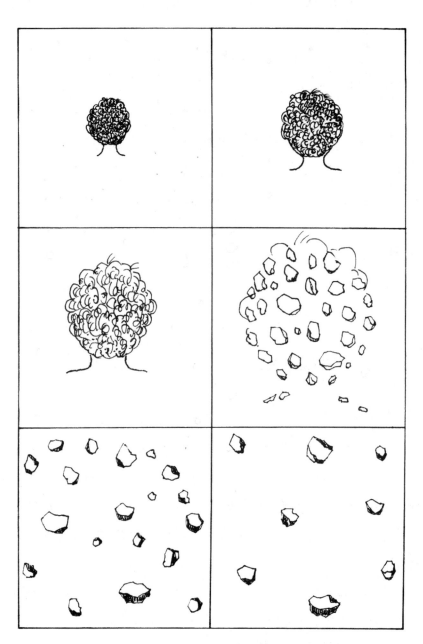

宇宙在过去的时间里一直在没有限制地膨胀和冷却

胀，我们刚站在这里时，它的直径只有8千米，现在已经扩大到160千米左右了。我刚来这里时就看到远处的物体变红，于是我就注意到这种膨胀了。"

"是啊，我也发现了，远处的物体都带着红色，"汤普金斯先生说"为什么就可以以此断定这个宇宙在膨胀呢？"

"你应该也注意过，"教授说，"当有一列火车朝你开过来时，你会听到声调比较高的汽笛声；而当火车从你身边过去后，你听到的汽笛声的声调就变得低很多了。这就是所谓**多普勒**效应：音调（频率）的变化同声源的速度有关。一切物体在一个正在膨胀的空间中都

> 多普勒（1803—1853），奥地利物理学家。他在1842年发现多普勒效应，这一效应阐明了当波源和观测者有相对运动时，观测者接收到的频率与波源发出的频率不同的现象。

会彼此飞离，飞离的速度和它们与观察者之间的距离成正比。因此，看起来这样的物体会发射一些偏红色的光。从光学上说，红色的光的频率比较低。物体的运动速度随着和我们的距离越远而变得越快，因此，也就显得越红。我们曾经住过的那个美丽的宇宙也一直在膨胀，在那里我们称这种变红的现象为'红移'，这种现象能够让天文学家测量出我们到遥远的星云的距离。例如，天文学家观测到离我们最近的仙女座星的红移为0.05%，光要80万年才能走完这么大的红移对应的距离。但是，还有一些星云比现代望远镜看到最远的距离还要远，它们所显示出的红移大约是15%，对应的距离大概有几亿光年。天文学家猜测，这些星云大概是在整个宇宙的赤道的1/2处，因此，天文学家了解到的空间的总体积已经能占到整个宇宙总体积的相当大的比例了。目前宇宙每年的膨胀速率为0.000,000,01%，

这样，那个宇宙的半径增大的速度为16,000,000千米/秒。相比之下，我们现在所处的这个小宇宙的半径每分钟增大1%，显得膨胀得快多了。"

"这种膨胀永远没有结束的那天吗？"汤普金斯先生问道。

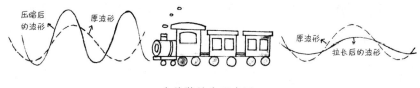

多普勒效应示意图

"当然有，"教授说，"膨胀停止后宇宙就开始收缩。每一个宇宙的半径都在非常大的数值与非常小的数值之间脉动。大宇宙的脉动周期大约长达几十亿年，而我们所在的小宇宙脉动周期只有短短的两个小时。我认为，现在这种状态就是我们所能观察到的宇宙膨胀到最大的时候了。你感觉到现在很冷了吗？"

事实上，由于整个宇宙的体积变大，充斥在其中的热辐射只能提供少量的热量给这个小行星。因此，它们周围的温度在零摄氏度左右。

"幸运的是，"教授说，"这里原本有足够的热辐射，所以即使膨胀到最大的状态，我们还有一些热量。否则的话，我们周围的空气可能由于温度的降低都要凝成液体了，我们就会被冻死。但是现在宇宙开始收缩，马上温度又要升高了。"

汤普金斯先生抬起头看向天空，发现远处一切物体的颜色都发生了变化，从红色变成了紫色，根据教授的解释，这是因为所有的天体都正在向他们慢慢靠近。他想到教授刚才的比喻——火车开过来时汽笛声的声调会很高，便变得非常害怕。

"如果说现在的情况是一切事物都在收缩，那么，我们是不是应该想到，我们很快就会被因为宇宙收缩而聚集在一起的大石块磨得粉碎呢？"他十分担心地说。

"没错，"教授淡定地回答，"不过我觉得在发生这种情况之前，我们两个人就会因为非常高的温度而分解成很多个分开的原子。我们大宇宙的缩影就是这样——所有的物体都被搅在一起，形成一个匀称的、温度非常高的气体球，当宇宙重新开始膨胀时，才会有新的生命出现。"

"我的天啊！"汤普金斯先生低声说着，"你说过，在我们那个宇宙，宇宙的末日要再过几十亿年才来，而这里，我竟然马上就要碰上末日了。虽然我现在只穿着睡衣，但我已经感觉到温度在升高了。"

"你还是不要脱掉睡衣了，"教授说，"因为不管你怎么做都是没有用的，现在你先躺下，利用剩下的时间尽可能地观察吧。"

汤普金斯先生热得喘不过气来，他没有发出一点儿声音。尘埃的密度变得非常大，大到已经把他包围起来了，他感觉自己似乎是被裹在一条柔软又温暖的毯子里。他伸展了一下，想从毯子里挣脱出来，于是，一只手感受到了寒冷的空气。

"难道无法再住的宇宙被我捅了个窟窿？"——他闪念一想。他想问教授到底发生了什么，却到处都找不到他。反而在微亮的晨曦中，他认出了这是自己的卧室。原来他只是躺在自己的床上，在毛毯中左右翻滚着，最后总算是从毛毯中挣脱出了一只手。

"新的生活又随着膨胀开始了，"他想起教授说过的这句话，"感谢上帝，我们仍然处在膨胀之中！"接着，他起床去洗了个澡。

他努力地从毛毯中挣脱出一只手

宇宙歌剧

太阳发射出的光需要 8 分钟才能到达地球，所以如果耀斑在太阳表面上爆发，那么需要 8 分钟的时间才能被地面上的天文学家知道。宇宙中，我们和仙女座的旋涡星系相邻，它和我们的距离大概是一百万光年。你可能曾在某些天文著作中看到过关于它的照片，那其实是一百万年前它的样子。

>>> 稳恒态宇宙学咏叹调

那天早晨，汤普金斯先生和教授一起吃饭时，他把自己的梦境告诉了教授，但教授却不太相信他的话。

"宇宙坍缩这种现象，"他说，"当然只是你梦里的一种戏剧性的收场。但是我认为，由于目前各个星系彼此飞离的速度太快了，所以，宇宙不会发生坍缩，而是会无限膨胀下去，星系在空间中分布的密度也会越来越小。这些构成星系的恒星的核燃料耗尽后，宇宙中就集合了很多又冷又暗的天体，延伸到无限远的地方。

"但是，还有一些科学家不同意这种说法，提出了所谓的稳恒态宇宙学。这种理论认为，宇宙不随时间的流动而发生变化：它从过去无限久的时间到现在，所存在的状态一直没有发生过改变，在未来无限久的时间里也会以这种状态继续存在下去。当然，这和英国的旧原则——维持世界现状十分相符，但我觉得这种稳恒态理论并不是正确的。顺便提一句，创立这种新理论的人是来自剑桥大学的天文学教授，他写了一部关于这个题材的歌剧，将于下周进行首演，地点是英国卡文特加登。你可以订两张票，带慕德去听一听。这部歌剧应该是很有意思的。"

现在，汤普金斯先生和慕德在歌剧院里，舒服地坐在天鹅绒沙发上，等着歌剧开场。开场音乐是激烈的凯旋曲，因此在开场音乐结束前，乐队指挥换了两次晚礼服的硬领。拉开帷幕时，舞台上散发出的灯光一下子照亮了整个大厅，把一楼和大厅变成了一片金灿灿的海洋，由于灯光过于耀眼，大厅里的所有人赶忙用手遮住了眼睛。然后，灯光逐渐变暗，最后完全消失，汤普金斯先生察觉到自己待在漆黑的空间中，看到周围有许多火炬燃烧着，像是节日时的火轮不停地转动着。

乐队在黑暗中开始奏响音乐，听起来像是风琴乐曲，汤普金斯先生感觉身旁站着一个戴着牧师硬领，穿着黑色法衣的人。剧情介绍书上写着，这个人是比利时的勒梅特，他就是最先提出膨胀宇宙论的那个人。

勒梅特在咏叹调的头几节是这样唱的：

啊，万物之源的宇宙蛋！
啊，包罗万象的宇宙蛋！
你分裂成无数细小碎片，
那些星系正在形成，
分摊你原始的能量！
啊，具有放射性的宇宙蛋！
啊，包罗万象的宇宙蛋！

汤普金斯先生感觉身旁站着一个戴着牧师硬领，穿着黑色法衣的人

是你构成了宇宙啊——

你展示了上帝神奇的手段！

那长久的宇宙进化，

讲述了那和火球一样的宇宙蛋

变成很多灰尘和带有星火的碎弹。

我们站在宇宙的中心，

看那点亮星空的星星到处飞散。

我们想找到一切办法

去再现原始时光的光芒和灿烂。

是你构成了宇宙啊——

你展示了上帝神奇的手段！

　　勒梅特牧师的咏叹调结束后，又有一个瘦瘦高高的年轻人出现了，他就是俄国物理学家伽莫夫，他已经移居美国30年了。他唱的是：

好勒梅特，在很多问题上

我们有完全相同的见解：

宇宙一直不断膨胀，

开始于它出生的那天。

宇宙一直不断膨胀，

开始于它出生的那天。

你说宇宙成长的基础是运动，

我早就应该同意这点。

但问题在于它是由什么形成，

你和我却有不同的看法。

但问题在于它是由什么形成，

你和我却有不同的看法。

你说是从原始的宇宙蛋开始，

我却觉得源于中子的流体。

它已经在过去存在了很久，

将来还会永远存在下去。

它已经在过去存在了很久，

将来还会永远存在下去。

在一望无际的宽广空间，

在几十亿年的很久以前，

那分布最密的气体，

结束在坍缩中。

那分布最密的气体，

结束在坍缩中。

在某个时间转折点，

整个世界变得明亮而灿烂，

光的数量远远大于物质，

物质却完全不能和光相比。

光的数量远远大于物质，

物质却完全不能和光相比。

那时，每一吨光辐射，

都仅仅有一克物质伴随它，

直到那庞大的初始的火球

向着四面八方膨胀离散。

直到那庞大的初始的火球，

向着四面八方膨胀离散。

于是光慢慢地消失不见。

几亿年后再次逝去。

物质得到了能量的保证，

终于成了这里的主人。

物质得到了能量的保证，

终于成了这里的主人。

于是物质再一次冷却凝固（注：这是琼斯假说的推理），

巨大的气体云飞散开来，

变成一个又一个原星系。

巨大的气体云飞散开来，

变成一个又一个原星系。

原星系又一点点变得分裂，

在漫长的夜空里相互道别。

恒星形成后又离散，

空间里又充满了亮光。

恒星形成后又离散，

空间里又充满了亮光。

恒星会燃尽只剩一个火星，

而星系则永远不会停止自转。

宇宙的密度会不断降低，

光、热和生命也会消失殆尽。

宇宙的密度会不断降低，

光、热和生命也会消失殆尽。

第三支咏叹调是歌剧作者自己来演唱。在发着光的各个星系之间，他突然出现了，他的口袋里装着一个新诞生的星系，他把它拿出来，开始唱：

我们的宇宙，根据上天的意思，

并不是形成于过去某个时间，

它永远存在于过去、现在和未来——

因为邦迪、我和上帝都是这样想的。

啊，宇宙，你是永远不会变的，

我们要公开提倡稳恒态理论！

年老的星系会烧毁、分解，

从宇宙大舞台的合唱中退出。

但宇宙啊，你是一个整体，

会永远存在于过去、现在、未来。

啊，宇宙，你是永远不会变的，

我们要公开提倡稳恒态理论！

新的星系将持续地从无变有，

过去怎么产生，未来也会怎么产生。

在过去和未来一切都不变。（勒梅特和伽莫夫何必为此

哀叹！）

啊，宇宙，你是永远不会变的，

我们要公开提倡稳恒态理论！

虽然这些歌词振奋人心，但四周的一切星系渐渐暗淡下去，最后消失了。随后，天鹅绒的帷幕落了下来，巨大的歌剧院被剩下的一些枝形烛台照亮。

"演出都结束了，你才醒来。"

"啊，西里尔，"慕德叫着汤普金斯先生的名字，"我知道，你在任何时间任何地方都很容易睡着，但你实在不应该在卡文特加登也这样啊！演出都结束了，你才醒来。"

>>> 当心这种理论

当汤普金斯先生和慕德一起回到教授家里时，教授正在舒适的沙发上坐着，看着最新一期的《每月评论》杂志。

"你们回来啦，这部歌剧怎么样？"他问道。

"啊，非常棒！"汤普金斯先生说，"那段宇宙永存的咏叹调令我印象深刻。它听起来让人觉得十分靠谱。"

"你还是需要当心这种理论啊，"教授说，"会闪光的东西并不全都是金子——这句格言你没听过吗？我刚才在看一个剑桥学者**赖尔**的文章。文章中说，他建造了一架能观察到更远星系的巨大的射电望远镜，它所能观察到的距离比帕洛玛山天文台的200寸光学望远镜能看到的距离还远好几倍。根据他的观察，在更遥远的宇宙区域，各个星系的距离和我们附近的星系之间的距离相比，要近得多。"

赖尔（1918—1984），英国天文学家，主要从事射电天文学研究。

"你的意思是，"汤普金斯先生问道，"星系的密度在我们这个区域非常小，随着和我们的距离增加，星系的密度也在变大？"

"不是这样的，"教授说，"你一定要记住，光的速度是一定的，所以，当你研究遥远的空间时，其实研究的是这个遥远的空间过去的样子。举个例子可能你会更好理解，太阳发射出的光需要8分钟才能到达地球，所以如果耀斑在太阳表面上爆发，那么需要8分钟的时间才能被地面上的天文学家知道。宇宙中，我们和仙女座的旋涡星系相邻，它和我们的距离大概是一百万光年。你可能曾在某些天文学著作中看到过关于它的照片，那其实是一百万年前它的样子。因此，通过射电望远镜，赖尔能观测到的是几十亿年前那部分极其遥远的宇宙的样子。如果宇宙符合稳恒态宇宙学，那么宇宙内的景观不会随着时间而变化。正因如此，我们现在在地球上观测到的宇宙中遥远的星系的布局，就不应该和我们附近的星系密度一样，不会更大或者更小。由此可见，赖尔观察后得到的结果，那些遥远星系在宇宙中相邻的距离都比较近，其实就是在说：几十亿年前，宇宙中各个地方的星系之间的距离都比现在要近一些。这个理论和稳恒态宇宙学是矛盾的，但是却有利于之前的宇宙膨胀说。不过，我们在赖尔的结果被证实之前，还是需要小心一点儿。"

>>> 文学爱好者的诗

"顺便提一句，"教授接着说，并从口袋里掏出一张方方正正的纸，"我有一个爱好文学的同事最近写了一首关于这个题材的诗。"于是他朗读了起来：

"你那辛勤工作的一年又一年，"

赖尔坦诚地对霍伊尔说：

"相信我，全部是在浪费时间。你提出的稳恒态理论，已经在今天过时，除非我的眼睛欺骗我。我那能观测一切的望远镜，已经毁灭了你的希望，你的信念被驳斥。我只想明白地告诉你：我们这个宇宙天天在长大，日日变稀疏。"

霍伊尔说：

"你只是在重提勒梅特和伽莫夫的旧话。可你实在应该把他们忘记！那猜不透的宇宙蛋和所谓的大爆炸，对他们又有什么样的好处？！

"你瞧，我的朋友，宇宙从来没有开始，它也永远不会有结局，因为邦迪、上帝和我，直到我们的头发掉光，都坚持相信这一点！"

赖尔怒气冲天，并且加重了语气喊道："你在胡说！正如我们看到的，那些离我们很遥远的星系，彼此都挨得很近。"

霍伊尔同样爆发了，又一次重提了他的想法："你说的话真令我生气！每一个清晨或夜晚，总有新的物质产生，让整个宇宙保持不变。"

"别乱说话，霍伊尔先生，既然我已经战胜了你，你就没有理由再坚持下去。"

赖尔坚定地说：

"用不了多长时间，我就要让你彻底醒来！"

"真的，"汤普金斯先生说，"如果能看到这场辩论的结果，应该是很有趣的。"然后，他吻了一下慕德的脸颊，和父女二人告别后，就离开了。

量子台球

CHAPTER 7

7

汤普金斯先生认真地看着这个台球，它像老虎在笼子里一样不断地来回撞击三角框的内部，这时有一件反常的事情发生了。这个球竟然从三角框的框壁"漏"了出来，然后直奔台球桌的角落滚了过去。这件事情最奇怪的地方在于它没有从三角框里跳出来，而是从没有空隙的框壁里钻出来的，而且完全没有离开台球桌的表面。

>>> 发生"弥散"的台球

有一天，在银行里忙了一整天房产业务的汤普金斯先生，走在回家的路上，感觉十分疲惫。路过一家小酒馆时，他决定进去喝杯啤酒。一杯接一杯后，汤普金斯先生感到有些醉意了。他站起来，走进酒馆后面的台球房，看到里面有很多人围在台球桌旁边，套着袖套打台球。他记得自己好像来过这里，是一个年轻的同事把他带过来，并教他如何打台球的。他靠近台子，专心地看别人怎么打台球。

突然，发生了一件令人感到不能理解的事情！有一个人用球杆打中了放在台子上的台球。汤普金斯先生静静地盯着那个滚动的台球，他十分惊奇地发现，那个台球正在发生"弥散"。用"弥散"来形容，是因为它是唯一一个能表达那个台球不寻常表现的词。当球从绿色的台毯上滚过时，它变得越来越不清晰，失去了分明的轮廓，似乎台上不是一个球，而是很多个相互有重叠部分的球在滚动。汤普金斯先生曾经有好几次看到过这种现象，但他今天一滴威士忌都没有喝，所以，他也不知道为什么会有这种情况发生。"好吧，"他想，"让我们看看这个球怎样打另一个球吧！"

台球正在发生"弥散"

那个人显然很会打台球，那个正在向前滚的球果然不出所料地击中了另一个球。一声清脆的撞击声后，之前静止的台球和后来击中它的台球（这样说是因为汤普金斯先生不能指出哪个是前者，哪个是后者），都向着四周滚去。这的确非常奇怪，现在的台球桌上，看起来不像是只有两个松散的台球，而是有数不清的，看上去非常模糊、非常松散的台球，向着在原来撞击方向180度角的区域滚了过去。看起来很像是由撞击点发出特别的向外扩展的波。

但是，汤普金斯先生观察到，台球的流量在原来那个撞击方向上最大。

"这是S波散射。"汤普金斯先生听到了一个熟悉的声音，他知道是教授在他背后说话。

"你看，"汤普金斯先生大声说，"难道这里又有什么东西弯曲了？我觉得那张台球桌很平坦啊，并没有弯曲的条件。"

"你说得很对，"教授回答说，"这里的空间的确十分平坦，你看到的其实是一种量子力学现象。"

"哦，这一定是矩阵！"汤普金斯先生鼓起勇气带着讽刺意味说道。

"应该说是运动的测不准性，"教授说，"这家店的店主收集的这些台球是患了'量子象牙症'的，如果我可以这样表达。当然，在自然界中的所有物体都要遵循量子规律的。但是，自然界中起作用的普朗克常数的数值极其小；是一个小数点后有二十七位都是零的数字。不过，在台球这里起作用的普朗克常数就显得很大了，大概是1。因此，这种在科学上需要用非常敏锐、非常精巧的观察方法才能看到的现象，在这里能够很容易地就被你发现了。"

教授讲到这里，又沉思了一会儿。"我不太想证实这件事，"他接着说，"但是我非常想了解这个店主到底是从哪里获得这些台球的。严格来讲，这种球不可能存在于我们这个世界上，因为普朗克常数对于这个世界的所有物体来说，都是非常非常小的值。"

"也许，是店主从另一个世界进口的。"汤普金斯先生提出了一种可能性。

但是，教授对这种说法并不满意，他表示很怀疑。"你刚才已经看到了，"他继续说，"这两个球都出现了'弥散'现象。这就意味着，它们在台球桌上的位置具有不确定性。你不能准确地描述一个球的位置，你顶多会说：那个球'可能在这里'，但'也可能在别处'。"

"这种说法可真反常。"汤普金斯先生小声嘀咕。

"刚好相反，"教授继续说，"它是完全正常的——从这个意义上说，它会随时发生在这个世界的任何物体上。由于普朗克常数太小了，并且普通的观察法又过于粗糙，人们才无法注意到这种测不准性。而且它误导了人们：人们可以永远准确测定位置和速度。实际上，这两个量在某种程度上都是测不准的，并且，在测量它们时，一个量越准确，另一个量就越不准确越弥散。而普朗克常数在这里，恰恰是对这两个测不准的量的关系起到了决定作用。请注意，现在我们在三角木框里放下这个球，它的位置被明确地限制住了。"

>>> 零点运动与"测不准性"

球放进三角框的内部后开始闪着象牙色的白光。

"你可以看一下，"教授说，"现在台球的位置被我限定在三角框内，大概也就是十几厘米大小的范围了。这样一来，台球在木框里迅速移动是因为速度出现了高度的测不准性。"

"你有办法让它停下来吗？"汤普金斯先生问道。

"不，从物理学的角度来看，这种事不可能发生。物理学家把一切物体在一个空间内的运动称为零点运动。用一个例子来说明一下，一切原子中的电子运动都是零点运动。"

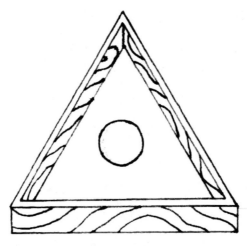

三角框里的台球

汤普金斯先生认真地看着这个台球，它像老虎在笼子里一样不断地来回撞击三角框的内部，这时有一件反常的事情发生了。这个球竟然从三角框的框壁"漏"了出来，然后直奔台球桌的角落滚了过去。这件事情最奇怪的地方在于它没有从三角框里跳出来，而是从没有空隙的框壁里钻出来的，而且完全没有离开台球桌的表面。

"好了，你看看，"汤普金斯先生说，"你的'零点运动'消失了。是不是这也服从你刚说的那些法则呢？"

"这是自然啦，"教授说，"实际上，这刚好是量子力学的一个最有趣的后果。无论是什么东西，只要它的能量大到让它能够穿过围墙后继续前进，那么它就不会被关在封闭的围墙里。这个东西迟早是要从围墙里'漏'出来跑走的。"

"如果真是这样的话，我以后都不想去动物园了，"汤普金斯先生坚定地说，他丰富的想象力已经让他联想到一幅老虎从笼子里"漏"了出来，然后和狮子打架的画面了。然后，他的思绪一转，到了另一个有点儿不同的方向：他想到有一辆吉普车被完好地锁在车库里，突然如传说里中世纪的老妖精一般从车库的墙壁"钻"过来，闯到了外面。

吉普车从车库的墙壁"钻"出来

"我需要等多久，"他问教授说，"才能等到一辆汽车从车库的墙壁里'漏'出来？我说的汽车不是由这里糊弄人的材料制成的，而是车皮是钢铁的那种汽车。我真的很想看看呢！"

教授快速地计算了一下，便得出了答案："大概需要在

1,000,000,000,…,000,000年之后。"

虽然汤普金斯先生经常可以在他的工作中接触到巨大的数字，但他无法弄清楚教授说的这个数字究竟有多少个零——反正数字很长，以至于他完全可以放心汽车是不会轻易地自己'漏'出来的。

"即使你说的所有事情都是真的，并且我相信你说的话，但我还是不理解，如果这里没有这些台球的话，如何才能观察到这样的事。"

"你的反对意见很合理，"教授说，"我并不是说，你能从你生活中碰到的巨大物体中观察到量子力学现象。当量子规律应用在质量非常小的物体，如原子或电子上时，其效应会显著得多。量子效应对于这些粒子来说，非常大，导致一般力学会完全失效。两个原子之间的碰撞和你刚刚看到的两个台球间的碰撞，看起来是一样的；而原子中电子的运动和台球的零点运动，看起来也是十分相似的。"

"难道电子会经常跑出车库？"汤普金斯先生问。

"哦，的确是这样的。很显然，有一种放射性物质的原子你肯定听说过，这种原子会发生衰变，衰变后就会有一些运动非常快速的粒子从里面发射出来。确切地说，这样的原子的核心部分，也就是原子核，它的结构像一个车库，里面停着的汽车就是这个原子核内的其他粒子。这些粒子在原子核里有时用不了一秒钟就会从墙壁里漏出来。因此，在这种原子核里出现量子现象就是稀松平常的事情了。"

经过和教授长时间的谈话后，汤普金斯先生觉得十分疲惫，他的精神无法集中起来，他毫无目标地环视着周围。这时，房间角落里一座巨大的老爷时钟吸引了他的注意力，老爷时钟长长的钟摆正在慢悠悠地摆动着。

房间角落里的老爷时钟

"我猜，这座时钟引起了你的兴趣，"教授说，"这个机器也是不同寻常呢，不过它现在已经不流行了。人们刚开始研究量子力学现象时，正好是用这种时钟来进行思考和模拟的。人们通过使用一种安装钟摆的方法，让它的摆幅改变的次数变得有限。但是，现在所有的钟表工人都更愿意使用精巧的弥散摆。"

"啊，我希望所有这些复杂的事物我都能够理解。"汤普金斯先生感叹着。

"非常好，"教授马上反应道，"我是在去做量子论演讲的路上，从窗外看到你在这家酒馆里才进来的。我现在得赶紧走了，如果我不想迟到的话。你愿意跟我一起来吗？"

"好的，我也要去！"汤普金斯先生说。

>>> 重建时空观念

和往常一样，学生在演讲厅里坐得满满当当，汤普金斯先生只好坐在了台阶上，但他已经很满意了。

女士们、先生们——教授开始了他的演讲——

我曾经在前两次演讲中，努力地向你们说明了，所有物理速度都是有上限的，并且分析了直线这个概念，这些新的发现让我们重新建立了经典的时空观念。

但是，通过对物理学基础进行批驳和分析后，我们并没有止步于这个极端，而是有了新的进展，得出了一些更让人感到惊讶的结论。这里说的是物理学分支学科——量子论，它和空间与时间的自身性质没有很大的关系，而与一种情况关系密切，就是在一定的时间和空间内，物体的相互作用和运动。在经典物理学中，任何两个物理客体在改变了实验条件的情况下，它们之间的相互作用可以降低到最小，如果需要的话，甚至可以把它降低到零，这种做法是不用证明就能够肯定的。比如，在对某些过程会产生多少热量进行研究时，人们担心如果把温度计放进去就会带走一部分热量，这样就会让要观察的过程无法正常进行。但实验人员会坚信，比较小的温度计或者非常精巧细致的**温差电偶**能够降低这种干扰，到要求的精确度极限以下。

> 温差电偶也叫"热电偶"，它是利用温差电效应制成的一种元件。

　　过去的人们认为，从原理上来讲，任何一种高精确度的观察都可以在一切物理过程中进行，这种观察并不会干扰它所观察的过程。这种观点深深地扎根在人们心中，这样一来，人们从未想过要解释这种说法，并且把所有相关问题看作纯技术性困难进行处理。但是，从20世纪开始，由于积累了很多新的实验事实，物理学家们被催促着要得出一个结论，那就是真实情况是更加复杂的，有一个确定的相互作用下限在自然界中一直存在，并且永远不能被超越。对存在于日常生活中的各种过程而言，这个天然的精确度非常小，我们可以对它忽略不计。但这个极限也可以变得非常重要，当研究原子或分子时，发生在这类极微小的力学系统中的过程不能受到一点儿干扰。

　　1900年，在对物体与辐射之间的平衡条件进行理论研究时，德国物理学家普朗克发现了一个令人惊奇的结论，想要达到这种平衡是完全不可能的，我们只能假定物体与辐射之间的相互作用并不是我们想象的那样连续，而是在一连串断断续续的"冲击"中实现的。每次发生这种相互作用时，就会有一定能量在物质和辐射之间相互转移。如果想要达到平衡的要求，并且让理论和实验事实保持一致，就要把一个简单的数学比例关系式引入每次因为冲击而转移的能量和导致它发生的过程的频率之间。

　　这样的话，普朗克得出了结论，如果比例常数用符号h表示，那么在每次冲击中转移的最小能量（也就是量子）可以遵循下面这个公式：

$$E = hv \hspace{4cm} (1)$$

　　在这个式子里，v是频率。常数h通常被人们叫作普朗克常数或者量子常数，它的数值是6.547×10^{-27}尔格·秒。由于普朗克常数的数值非常小，我们才无法在生活中看到量子现象。

普朗克在爱因斯坦研究的基础上进一步发展了他的想法。过了几年后，他又得出了一个结论，辐射不只是在发射时才会分裂成很多个大小有限的分立的部分，实际上它能够一直这样存在下去。换句话说，它从过去到未来都是由许多分立的"能包"组成的。这种"能包"被爱因斯坦称作光量子。

>>> 处于运动状态的光量子

只要光量子处于运动状态，那么它不仅具有能量hv，还有一定的动量。相对论性力学认为，这个动量应该是能量hv除以c。我们知道光的频率和波长的关系是$v = c/\lambda$，和它一样，我们用p来表示光量子的动量，那么它和它的频率（或波长）也有着下面这种关系：

$$p = \frac{hv}{c} = \frac{h}{\lambda} \tag{2}$$

运动物体在碰撞中的动量决定了它产生的力学作用，因此我们可以得出结论，当波长越来越小时，光量子的作用会越来越大。

康普顿（1892—1962），美国著名物理学家，他发现了康普顿效应，在研究光子、X射线、r射线和宇宙线方面也有很重要的成果。

光量子具有能量和动量的观点，由美国物理学家**康普顿**通过实验证明了。在进行光量子和电子碰撞的研究时，他得出了一个结果：电子在受到光线的作用后开始运动，它的表现和刚才的关系式中所给出的能量和动量的粒子击中电子的表现是相同的。光量子在和电子撞击后，自身也发生了一些变化（它们的频率改变了），这种现象非常符合量子论的预言。

到目前为止，我们可以说，针对辐射同物质的相互作用的问题，我们完全可以确定的一个实验事实是辐射的量子性质。

著名丹麦物理学家尼尔斯·玻尔推动了量子概念的进一步发展。他是最早提出关于量子的新想法的人，1913年他提出：

> 在任何一个力学系统中，其内部的运动只能具有一套分立值，并且运动的状态只能通过跃迁来改变，而这种跃迁是有限的，每次进行这样的跃迁，都会有一定量的能量辐射出来。

由于确定力学系统是什么样的状态的数学公式比辐射的公式更复杂，因此，在这里我不会讨论它们。但我只想强调一点，和光量子的情况一样，光的波长也可以定义动量。那么力学系统中，所有运动粒子在空间内进行运动时，它的动量都和这个空间的几何尺寸是有关系的，它的数量级是

$$\triangle p_{粒子} \cong \frac{h}{l} \tag{3}$$

这个式子中，用 l 表示运动区域的线度。由于普朗克常数具有非常小的数值，只有在极小的区域内，如原子或者分子的内部运动，量子现象才能显示出重要的价值。这种现象会在我们想了解物质内部的结构时，起到相当重要的作用。

弗兰克和**赫兹**的实验，直接证明了这种渺小的力学系统有分立能态。当原子被不同能

> 弗兰克和赫兹是德国物理学家，他们研究出了原子受电子碰撞时能量变化的定律，在1925年获得诺贝尔物理学奖。

量的电子轰炸时，原子的能态会随着轰击电子的能量达到某些分立值，而产生精确的变化。如果电子的能量并不能达到某个极限，那么原子中就不会发生任何效应，这是由于每一个电子所携带的能量都不够多，不能提升原子的量子态。

因此，在发展量子论的前期准备结束时，物理学家并没有修改经典物理学的基础概念和原理，他们只是使用了一些令人难以理解的量子条件，人为地限制了经典物理学。也就是说，从无数种在经典物理学中出现的运动状态中，挑出一套可以被允许存在的分立状态。不过，如果我们对经典力学定律和我们新积累的经验所要求的量子条件之间的关系进行分析，就会知道，这两者结合后的体系不符合逻辑。并且，这些经验的量子限制会让来源于经典力学的各种概念变得一文不值。实际上，经典物理学认为，运动的基本定义是：

空间中的一切运动粒子在任意一个指定的瞬时都有一个确定的位置。同时，这个粒子也有确定的速度，这个速度是形容粒子在轨道上的位置随着时间的变化相应改变的情况。

位置、速度和轨道是构成精致的经典力学体系的基本概念（和其他概念一样），建立在我们观察现象的基础上，因此，当我们扩展原来没有开发过的新领域时，我们就必须对这些基本概念进行大量修改，像之前修改空间、时间概念一样。

在任意一个指定的瞬时，一切运动粒子都会有一个明确的位置，因此，可以根据时间的不断推进，描画出这个粒子运动的确定曲线（也就是轨道）。如果我问在座的某位听众，为什么他会相信这句话，他可能会说："这就是我观察运动时所看到的。"好，现在就让我们分析一下这种形成轨道概念的方法，来检测得出这种结果的真实性。

为了实现这个想法，我们先想象有一个拥有各种精巧仪器的物理学家，他从实验室的墙上扔下一个物体，他想跟踪这个物体的运动轨迹。他观察的方法是："看"这个物体怎么运动。因此，他用一架小而精确的经纬仪来测量。当然，只有通过照明，才能清楚地观察到这个物体。由于他已经知道物体的运动会因光线的压力而受到干扰，所以，他想在观察物体运动的瞬间使用短时间闪光照明。在第一组实验中，他在轨道上标记了10个点，他只想观察这几个点，因此，他选择了十分微弱的光源，让每一次照明的光压带来的总效应低于他需要的精确度。这样的话，当物体下落时，光源亮了10次，然后他得到了符合精确度要求的10个点。

现在他想再做一次实验，通过这次实验，他希望得到100个点。他知道，上一次的照明强度如果被应用在这次实验中的话，100次照明会对物体产生很大的干扰。因此，在这一次实验前，他降低闪光强度，数值为上一次的$\frac{1}{10}$。在第三组实验时，他希望得到1000个点，因此，他再次降低闪光强度，数值为第一次的$\frac{1}{100}$。

他在后面的实验中也一直采用这种办法，通过不断降低照明的亮度来减少干扰，这样一来，好像他想在轨道上观察多少个点都可以实现，而且很可能误差永远都不会增加到比他开始制定的范围高。这种办法具有高度的理想性，在理论上好像具有可行性，这是一种高度符合逻辑，用"观察运动物体"来建立运动轨迹的方法。众所周知，这种方法在经典物理学的体系中是完全行得通的。

现在让我们思考一下，如果我们把前面说到的量子限制引进来，并考虑到"只有通过光量子才能转移所有辐射作用"的事实，那么接下来

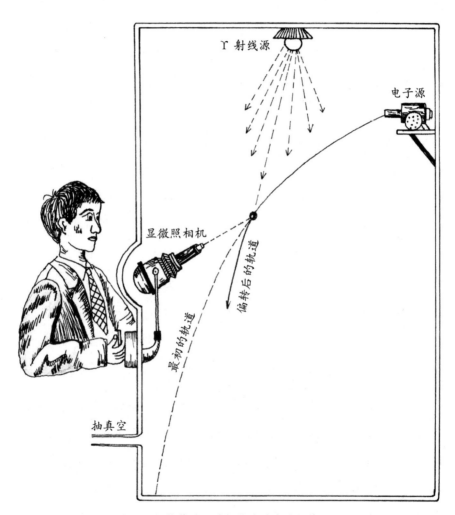

物体的运动可能会被光线干扰

会有什么情况发生呢?

我们刚才已经得知,那个物理学家一直减少对物体进行照明的光的数量,因此,我们可以预测到,如果光的数量已经被他减少到只剩一个量子时,他就会发现光的数量不能再继续减少了。这时,要么是运动物体上会反射回整个光量子,要么是不会有任何东西反射回来,而在后者发生的情况中,物理学家是无法进行观察的。

当然,我们和物理学家都知道,随着光波长不断增加,同光量子碰撞后的效应就会减小。所以,这时如果想要增加观察次数,物理学家就要用具有较长波长的光在实验中照明,波长会随着他观察次数的增多而变长。可是,在这里他有了另一个困难。

我们都非常清楚,当用某一波长的光进行实验时,比这个波长更细微的细节就无法被观察到了,这就好像任何人都不能用刷油漆的刷子去画**工笔画**。因此,物理学家不能在波长越来越长的时候,准确地确定每一个点的位置,并且他会迅速发现,由于波长太长,他确定的每一个点变得和整个实验室大小一样了,最后的结果就是,任何一个点都不能被准确地测量。于是,在观察点的数量和每一个点都不能测准之间,他采取了一个折中的办法,这样的话,他就无法得出和其他经典物理学家一样的那种数学曲线般的精确结果了。最后他得到的最好的结果是一条非常宽的,并且不清晰的带。因此,如果在他的实验结果的基础上建立物体运动的轨道概念,这种概念就会和经典的概念有很大的不同。

> 工笔画是一种小型的绘画,指画在书籍、徽章、象牙板上的肖像画或装饰画。

>>> 弹簧运动的弥散轨迹

刚才是用光学方法进行讨论的，现在我们用机械方法来试试另一种可能性。为了得出实验结果，实验者需要设计一个精巧的机械装置，例如把一些弹簧安装在空间中，每个弹簧上都装有一个铃铛，这样的话，当这些弹簧边上有物体经过时，它们就可以显示出这个物体运动的路线。他可以把这种铃铛大量地安置在物体运动时要经过的空间中，当物体经过后，那些"响着的铃铛"代表的就是物体走过的痕迹。

在经典物理学中，这些铃铛可以按照人们的要求制作，变得非常小且非常灵敏，人们可以使用无数个无限小的铃铛。因此，在这种极限情况下，人们通过使用任意大的精确度来形成轨道概念。但是，这种局面也有可能在对机械系统施加量子限制时被破坏。如果铃铛过于小，根据公式 $\Delta p_{粒子} \cong \frac{h}{l}$，它们就会从运动物体那里取走过于大的动量，在这种情况下，尽管只有一个铃铛被物体击中，物体的运动状态依然受到了严重的干扰。如果采用太大的铃铛，每一个位置又非常容易测不准，这样得出的轨道依然是一条弥散的带。

我担心刚才关于物理学家观察轨道的方法的讨论，可能会给大家留下一种过于看重技术的印象。让大家更倾向于认为，虽然物理学家不能用上面提到的办法确定轨道，但是可以通过一些复杂的装置得到他想要的结果。不过，我想要提醒大家的是，这里我们并不是真的在讨论物理实验室中进行的物理实验，而是概念化最普遍的物理测量问题。要知道，这个世界上的任何一种作用，不是属于纯机械作用，就是属于辐射作用。

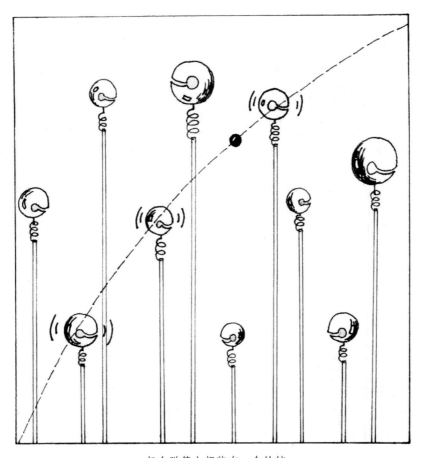

每个弹簧上都装有一个铃铛

　　就这点而言，一切经过精心准备的测量方法都和这两种方法的原理是分不开的。因此，它们一定会在最后产生相同的结果。既然整个物理世界都能够被那些理想的"测量仪器"所概括，我们就一定能够得出结论，在这个量子理论统治的世界中，完全不会存在和确定的位置或有确定形状的轨道相似的东西。

>>> 干扰运动物体速度的情况

现在，我们再来讨论一下那个物理学家的实验，假设他想列出在量子条件下强加限制的表达式。从上面使用的两种方法中我们可以发现，在进行确定位置的测量时，总会出现干扰运动物体速度的情况。在运用光学方法时，由于受到力学的动量守恒定律的制约，粒子的动量在受到光量子撞击后，会出现测不准的情况，这种测不准性的大小和光量子的动量大小差不多。因此，根据公式 $p = \frac{hv}{c} = \frac{h}{\lambda}$，粒子动量的测不准性是

$$\triangle p_{粒子} \cong \frac{h}{\lambda} \tag{4}$$

由于光量子的波长（$\triangle q \cong \lambda$）决定了粒子位置的测不准性，便可以得出

$$\triangle p_{粒子} \times \triangle q_{粒子} \cong h \tag{5}$$

在机械方法中，铃铛取走了一部分运动粒子的动量，因此也出现了测不准的情况。根据公式 $\triangle p_{粒子} \cong \frac{h}{l}$，再加上这种情况下粒子位置的测不准性取决于铃铛的大小（$\triangle q \cong l$），我们最后可以得出和前一种情况相同的公式。可以发现，量子论中最基础的关于测不准性的公式就是 $\triangle p_{粒子} \times \triangle q_{粒子} \cong h$。德国物理学家**海森伯**最先导出了这个公式，它表明位置测定的准确性同测量动量的准确性呈负相关。

海森伯（1901—1976），他对发展量子力学做出了巨大贡献，在 1932 年获得诺贝尔物理学奖。第二次世界大战以后，他负责指导西德的原子核研究工作。

再根据运动粒子的质量乘以速度等于动量，就可以得出公式

$$\triangle v_{粒子} \times \triangle q_{粒子} \cong h/m_{粒子} \tag{6}$$

这个量对我们平时接触的物体来说，实在是太小了。即使测量质量非常小的物体，比如质量只有0.000,000,1克的尘埃粒子，也依然可以精确地测定它的位置和速度，精确度可以达到0.000,000,01%。但是，如果是测量电子的话，电子的质量一般为10^{-29}克，公式$\triangle v_{粒子} \times \triangle q_{粒子} \cong h/m_{粒子}$中$\triangle v$乘以$\triangle q$的积大概就是100。原子内部的电子的速度一旦超过$\pm10^{10}$厘米／秒的精确度范围，这个电子就会从里面跳出来。但这样的话，其位置测不准性就是10^{-8}厘米，相当于一个原子的大小了。由于这种数值的扩大，原子中电子的"轨道"就会发生"弥散"，轨道的"厚度"和轨道的"半径"相等。那么，在原子核周围的每一点上，都有可能同时出现这个电子。

在刚才我演讲的20分钟里，我已经努力地为大家描述了批驳经典运动概念而导致的严重的结果。那些美好的、有严谨的定义的经典概念已经被批判得分崩离析，被那些像稀粥一样的东西代替了。当然你们肯定会问我：物理学家们有什么办法可以用测不准定理来描述任意一种现象呢？我的回答是：虽然经典的概念已经被我们推翻了，但关于新概念的准确的表达式却还没有研究出来。

>>> 位置与轨道都弥散的情况

我们现在就这个问题讨论一下。显然，在位置和轨道都弥散的情况下，就不应该用数学上的点和线来定义粒子的位置和运动轨道，而应该用其他方法来描述这种"稀粥"（暂且这样称呼）在空间不同的点上的分布情况（也就是密度）。

从数学的角度来看，这就表明需要用连续的函数（流体力学中会用到的那种）来进行描述。

从物理的角度来看，可以进行描述的说法一般有两种：一种是"这个物体的很大一部分在这里，那里还有一部分"；另一种是"我口袋里有这枚硬币的75%，你口袋里有这枚硬币的25%"。

我非常清楚，你们会被这样的句子吓一跳，不过，你们绝对不可能在日常生活中使用到普朗克常数，因为它们的数值非常小。但是如果你想对原子物理学进行研究，你就需要习惯这种表达方法了。

不过，我需要在这个地方先警告大家不要产生一些误解，也就是说，你们要知道，在普通的三维空间中，这种描述"出现密度"的函数是不具有任何物理学上的现实性的。实际上，在对两个粒子的行为进行描述之前，我们要回答一个问题：

第一个粒子在一个点上出现时，第二个粒子的位置在哪里？

我们需要使用包含6个变量的函数，这6个变量指的是2个粒子各有3个坐标。这种函数在三维空间中绝对不会是"定域"函数。在更复杂的系统中，就要使用包含的变量更多的函数。

这样一来，"量子力学函数"和粒子系统的"势函数"（属于经典力学）以及"熵函数"（属于统计力学系统）是非常相似的。它只是在描述粒子的运动状态，并能够预估特定条件下的任何一种被指定的运动会产生的各种可能的结果。

因此，只有在对粒子运动进行描述时，这个函数才对这个粒子有临时的物理学上的现实意义。

>>> 薛定谔波动方程

如果想要描述一个粒子或粒子系统在不同位置出现的可能性大小的函数，需要某种数学上的方法进行记录。奥地利物理学家**薛定谔**指出，一般可以用符号ψ来表示这种函数。

我不想把薛定谔方程的数学推导引到这里来讲，但还是

薛定谔（1887—1961），奥地利物理学家，他致力于原子理论的研究，在1933年获得诺贝尔物理学奖。薛定谔方程是量子力学中描述微观粒子（如电子等）在运动速率小于光速时的运动状态的基本规律，在量子力学中占有极其重要的地位。

要让大家注意一下，想要推导这个方程需要什么样的必要条件。这些条件中有一个是最重要的，同时也是非常不寻常的，它要求这个函数，必须以一种在描述物质微粒时要显示所有波动性特点的方式来写出来。

法国物理学家德布罗意在他对原子结构进行理论研究后最先指出，把波动性特点强制加在物质微粒的运动上，是十分有必要的。在他提出这个观点后的几年里，大量的实验把物质微粒运动的波动特性确定下来了。从实验中我们可以得知，即使在比较大的粒子，比如分子中，电子在通过小孔时会出现**衍射**和**干涉**的现象。

如果你用经典的运动概念看这个问题，你肯定不能理解

衍射是波经过障碍物边缘或孔隙时发生的绕过边缘、传播方向发生变化的现象，孔隙越小，波长越长，现象就越显著。

干涉是两列或两列以上的波具有相同频率、相同振动方向和恒定相位差的波在空间叠加时，形成的恒定的振动加强和减弱的现象。

观察到物质微粒的波动特性。因此，德布罗意接受了一种非常勉强的观点：粒子和某种波是伴随的状态，也就是说，粒子的运动是被这种波"指挥着"的。

但是，当我们不再承认经典概念，并在描述运动时使用连续函数，就可以更容易地理解波动性质的要求。这种要求其实就是在说，我们的函数 $\psi\bar{\psi}$ 的传播行为，并不类似于热通过一面加热的墙壁，而是类似于机械变形（声音）通过同一面墙壁的运动。从数学的角度看，这就让我们必须找到具有确切的、非常严谨的形式的方程。除了这个基本条件外，还有一个额外的要求是，当我们用这个方程研究不考虑量子效应的大质量粒子时，我们应该把它换成经典力学中对应的方程。这也就是把寻找这个方程的问题变成了一个纯粹的数学练习。

如果大家想知道最后得出了一个什么样的方程，我可以写出来给你们看一下，这就是：

$$\Delta^2\psi + \frac{4\pi mi}{h}\psi - \frac{8\pi^2 m}{h}U\psi = 0 \qquad (7)$$

在这个方程中，我们用 U 表示作用于质量是 m 的粒子的力势，在所有特定的力场分布中，这个方程让粒子运动有了确定的解。薛定谔波动方程被推导出后的13年中，物理学家们利用这个方程把那些发生在原子世界的所有现象都描绘出来了，并且描绘的是最完整和符合逻辑的画面。

>>> 矩阵力学

在你们中间，可能会有人觉得奇怪：是什么原因让我不使用人们在量子论中常用的术语"矩阵"？我要承认的是，出于个人原因，我不喜欢用矩阵这个词，所以我也不想提到它。不过，为了让大家了解矩阵这种存在于量子论中的数学工具，我现在还是会简单地谈几句。如大家所见，人们在描述粒子或复杂力学系统的运动时，通常会使用某种连续的**波函数**。

> 波函数是量子力学中描写微观系统状态的函数。在原子中核外电子的运动状态就是用波函数 ψ 来描述的。ψ 是薛定谔方程的解，是一个函数式，在这里不详细展开。

但这种函数一般情况下是非常复杂的，我们可以认为很多比较简单的振动组成了这种函数，就像是很多简单的谐音组成了一个复杂的声音。

因此，人们可以通过给定不同分量的振幅，来描述整个复杂的运动。由于有无数个分量，我们就要给出一个无限长的振幅表：

$$q_{11} \; q_{12} \; q_{13} \cdots$$
$$q_{21} \; q_{22} \; q_{23} \cdots \tag{8}$$
$$q_{31} \; q_{32} \; q_{33} \cdots$$
$$\cdots\cdots\cdots\cdots$$

人们把这种表称为是与特定的运动相对应的"矩阵"，它是服从一些不太复杂的数学运算法则的。因此，一些物理学家并不会用波函数来运算，而更喜欢用这种矩阵。

由此可见，这种经常被理论物理学家叫作"矩阵力学"的理论，仅仅是波动力学的一个数学修正。由于我们在讲座上主要是介绍原理，因此，我们就不用过多地讨论这些数学问题了。

很可惜，由于时间有限，我不能向大家继续介绍量子理论在和相对论结合后取得的发展成果。

> 狄拉克 (1902—1984)，在量子力学方面取得很大成就，因而在 1933 年获得了诺贝尔物理学奖。

不过，这种发展成果主要来自于英国物理学家**狄拉克**，他的研究工作带来了很多有价值的东西，从而获得了一些非常重要的实验结果。现在我的演讲该结束了，可能以后我会再回来谈这些问题。希望这些讲座能让大家对物理世界中的各种概念有一个更清楚的了解，并引发你们想要进一步研究的兴趣。

去量子丛林探险

这个时候，周围有一阵可怕的吼叫声传了过来，汤普金斯先生差点就从剧烈扭动的大象身上掉下去。原来，是一群从各个方向跳出来的老虎正在攻击大象。理查德爵士迅速拿着枪对准离他最近的老虎两眼之间扣动扳机，射了过去。随后，他就骂了一句猎人常说的粗话。他的子弹虽然穿过了老虎的脑袋，但完全没有伤害到它。

>>> 生长在量子丛林中的大象

第二天的清晨，汤普金斯先生睡眼惺忪地躺在床上，突然感觉到好像有人在他的房间里。他环视四周后发现，是他的老朋友教授正坐在沙发上全神贯注地看一张放在膝盖上的地图。

"你要和我们一起去吗？"教授把头从地图上方抬起来，问他。

"要去哪里？"汤普金斯先生问，心中还在对教授是如何进来的表示好奇。

"去量子丛林看大象，当然还有其他动物。上次我们去的那家台球厅的老板把他的秘密告诉我了，我知道了那些用作台球材料的象牙的来源。我已经用红色的铅笔在地图上做了标记，你看到我标出的那个区域了吗？这个区域里的普朗克常数非常大，这里的任何一个物体都好像遵循了量子规律。在那里居住的土著人认为，在他们国家所在的土地上，有许许多多妖怪，我们想找到一个向导非常困难。不过，你如果想要和我们一起，就得赶快起床。一个小时后，船就要出发了，我们还要带上理查德爵士呢。"

汤普金斯先生睡眼惺忪地坐在床上

"谁是理查德爵士？"汤普金斯先生不解地问道。

"你竟然从来没有听说过他？"教授显然十分惊奇，"他是个著名的猎虎家，我告诉他可以在量子丛林里进行有意思的狩猎，他一听到这个就决定要和我们一起去看看。"

他们到了码头，看见人们正在把理查德爵士的很多箱子搬上船。这些箱子里装着他的猎枪和特制铅弹，这些铅弹用的铅是教授从量子丛林附近的铅矿里挖来的。汤普金斯先生在船舱里收拾行李时，船身变得摇晃起来，原来他们已经出发了。海上的旅行没有一点儿特别之处，汤普金斯先生一直数着时间，最后终于到了一座很美丽的东方城市，这个城市是距离量子丛林最近的有人居住的地方。

"现在，"教授说，"为了方便我们之后的内陆旅行，我们需要买一头大象。既然我们找不到任何一个本地人想和我们一起去，那么我们只能自己当赶大象的人了。所以，汤普金斯先生，你要学习如何赶大象。我会因为科学观察任务而变得很忙，理查德爵士必须每时每刻把猎枪拿在手里，我们都没有时间来赶大象。"

于是他们去城郊的大象市场准备购买一头大象，到了那里，汤普金斯先生看到那些又高又大的大象时，觉得自己真是太不幸了。理查德爵士非常会挑选大象，他选好一头温柔又顺从的大象后，向卖家询问价格。

"呼噜呼噜哈维克胡博胡姆。哈古力胡，哈拉哈莫胡胡胡希。"那个土著人开口回答的时候，有一排整齐的牙齿在发着光。

"这头大象要花费一大笔钱，"理查德爵士把卖家的话翻译过来，"因为这头大象生长于量子丛林中，所以比较贵。我们要不要买呢？"

"当然要买，"教授解释说，"我在船上听别人讲，有的大象会从量子丛林里跑出来，土著人就会把它们抓住。以现在的情况看，这种大象要优于其他地方的大象，我们把它买下来肯定有用，因为它非常熟悉丛林里的环境，就像在自己的家里一样。"

汤普金斯先生从各个方向认真地打量着这头大象，它的体形很庞大，外表也漂亮，看起来它和动物园里的大象没有什么明显的不一样。

于是，他扭头对教授说："这真的是一头量子大象吗？从我的角度看，它和普通的大象完全一样。这头大象怎么不向各个方向弥散呢？"

和普通大象差不多的量子大象

"你的反应速度实在是太慢了，"教授说，"大象有非常大的质量，才导致它没有弥散。不久前我才告诉过你，质量对位置和速度的测不准性是起决定作用的，测不准性随质量的增大而变小。这就是我们观察不到非常轻的物体，比如一粒尘埃的量子规律的原因。但是，对那些质量是尘埃的一百亿亿分之一的电子来说，量子规律就显得举足轻重了。量子丛林中的普朗克常数非常大，但还没有大到让质量很大的大象的行动产生巨大的效应。如果你想知道大象的位置的测不准性，你就需要特别认真地检查它的外部形态。也许你会看到，它的皮肤表面看起来很不真切，甚至有点儿朦胧。这种测不准性会随着时间的推移，变得越来越大，我认为，这就是当地土著人说量子丛林中的大象长着非常长的毛的原因了。我猜任何一个具有较小体形的动物，都能表现出很明显的量子效应。"

>>> 位置与速度的测不准性

"在这次探险中，我们没有骑马也挺好的，"汤普金斯先生边走边想，"否则，我可能永远也不知道我的马是在我的两腿中间夹着，还是在哪个山谷中夹着。"

教授和带着枪的理查德爵士爬进了绑在象背上的篮子里，汤普金斯先生则骑在大象脖子上，拿着一根布满刺的木棒赶大象。然后，他们便向神秘的量子丛林出发了。

他们从城里的居民那里得知，要到达量子丛林需要走一个小时的时间。因此，汤普金斯先生一边努力地坐在大象的脖子上不让自己掉下去，一边想让教授讲更多和量子现象有关的知识。

"很抱歉，教授，你能否再给我讲解一下，"他向教授请求道，"为什么质量小的物体会有那么特殊的表现？你经常说的普朗克常数又有什么一般意义呢？"

"哦，这个很容易理解，"教授说，"你之所以能在量子世界看到任何一个物体的奇怪的表现，只是因为你在观察它们。"

"它们很害羞吗？"汤普金斯先生笑了。

"用'害羞'来形容是很不恰当的。"教授冷冷地说，"问题在于，只要你去观察物体的运动，不管你使用了什么方法，你都会干扰你所观察的运动。实际上，你了解了某个物体的运动意味着，那个运动的物体影响了你的感官或者你所使用的仪器。由于作用力等于反作用力，我们就必须得出一个结论：你的感官或者你所使用的仪器影响了或者说'破坏了'物体的运动，这就让它的位置和速度出现了测不准的情况。"

"算了吧，"汤普金斯先生反驳说，"如果台球在台球桌上运动时，我用手触摸了它，那我确实是干扰了它的运动。但是我只是看着它，并没有碰到它，这样也可以干扰它的运动吗？"

"肯定会啊！当你处于黑暗时，你是不能看到台球的。但是，如果你把灯打开，光线照射到球上并反射过来，让你看到球的位置，这一系列的动作就是光线对球产生了作用，我们称它为光压，它其实是'破坏了'球的运动。"

"但是，假如我在观察物体时，使用的是非常精致巧妙又敏锐的仪器，是不是可以极大地减小仪器对物体的作用，把这种作用降低到忽略不计？"

"你的想法刚好和经典物理学一致，这种想法存在于发现作用量子之前。20世纪初，人们就已经了解到，对一切物体的作用进行减小都存在一个最低的极限值，这个极限叫作普朗克常数，通常用符号h来表示。在宏观世界中，作用量子的数值很小，它用常用的单位表示就是小数点后的前27位都是零的数字。所以，只有面对电子这种质量很小的粒子时，这个作用量子才能显示出重要的价值。因为电子的质量轻，所以才容易被非常小的作用所影响。而我们逐渐靠近的量子丛林是一个非常野蛮的世界，在这里的作用量子很大，是不会产生任何温柔的作用的。

如果人们希望在量子丛林里抚摩一只小猫，那么这只猫要么没有任何感觉，要么会因为第一个抚摩的量子作用而折断了脖子。"

"听起来还是很正确的。"汤普金斯先生说，"可是，如果没有人对物体进行观察，它是否会正常地运动——我是想说，它会像我们通常认为的那样运动吗？"

"如果没有人观察，那么它们到底是如何运动的也就没人知道了。"教授说，"因此，你这个问题在物理学上毫无意义。"

"好了好了！"汤普金斯先生喊道，"我看，这更像是一个哲学问题而不是一个科学问题。"

"你想把它叫作哲学也可以，"教授被汤普金斯先生的话激怒了，"但实际上，这刚好体现了现代物理学的一个丛林法则——永远不要没有依据地谈论你不能进行实验的东西。在这个原则的基础上，才建立起了整个现代物理学的理论，但是这个原则总是被哲学家所忽视。比如说，德国哲学家**康德**曾经用了很长时间来思考物体的性质，但他思考的不是物体在表面上能够看到的性质，而是它们自己本身的性质。现代物理学家认为，只有所谓的'可观察量'——通过测量得出的结果，例如位置或是动量——才是有意义的，并且现代物理学都是在这些相互关系的基础上建立的。空洞的思维才想要思考那些不能被观察到的事物——你想怎样想象它们都可以，但是你不但不能证明它们存在与否，还不能利用它们，我应该说……"

> 康德（1724—1804），德国哲学家、古典哲学创始人。他的学说深深影响了西方哲学，并开启了德国古典哲学和康德主义等诸多流派。

>>> 量子老虎与"衍射"

这个时候，周围有一阵可怕的吼叫声传了过来，汤普金斯先生差点就从剧烈扭动的大象身上掉下去。原来，是一群从各个方向跳出来的老虎正在攻击大象。理查德爵士迅速拿着枪对准离他最近的老虎两眼之间扣动扳机，射了过去。随后，他就骂了一句猎人常说的粗话。他的子弹虽然穿过了老虎的脑袋，但完全没有伤害到它。

"再射击一次！"教授大声喊道，"不用瞄准后再射击，向各个方向开枪就可以。这里只有一只在大象周围弥散开的老虎。我们唯一的出路是抬高哈密顿算符。"

一群从各个方向跳出来的老虎正在攻击大象

教授拿起另外一支枪进行射击，于是，射击声也混入到了量子老虎的咆哮声中。汤普金斯先生觉得过了很久后，射击量子老虎的行动才结束。当一颗子弹刚好击中量子老虎时，汤普金斯先生惊讶地发现那只老虎——刚才有很多只老虎，但现在突然变成一只——被子弹击中后迅速地在空中画了一个很大的弧线后，落在了远处的棕榈丛后面。

> 哈密顿（1805—1865），他对分析力学的发展做出了重大贡献，建立了著名的哈密顿原理，被广泛应用于物理学中。

"那个**哈密顿**是什么人？"等到事情结束了之后，汤普金斯先生问教授，"我猜他是一个很有名的猎人，你是想用符咒召唤他，让他从地下出来救我们吗？"

"啊！"教授说，"真对不起，因为我刚才和老虎战斗时，实在很激动，竟然说了科学语言。你肯定听不懂我刚刚说的话。哈密顿算符是一种数学表达，它是用来描述物体之间的量子相互作用。它之所以叫这个名字，是因为它最先被爱尔兰数学家哈密顿所使用。我刚才的意思是：子弹的数量越多，就越有可能射中老虎。你刚才也发现了，在量子世界里，就算是我们精确地瞄准了，也不一定能射中老虎。由于子弹在发生弥散，我们的手也在发生弥散，射中老虎的机会是有限的。刚才我们为了真正打中老虎，至少花费了30颗子弹，由于子弹的力量很大，老虎的尸体被撞到了很远的地方。这种事在我们那个世界也会发生，只是概率要比这里的小。正如我之前说的，在我们那个普通的世界里，如果你想有什么发现，你就得观察微小的粒子，比如电子的行为。你之前应该已经听过，任何一个原子中都含有一个质量比较大的原子核，在原子核周围还有很多电子在绕着它旋转。从前，在人们的普遍认知中，电子绕原子核旋转，这种运动方式和行星绕太阳旋转是完全一样的。但经过人们更深层次的分析发现，这种运动的概念非常粗糙，它不适用于原子这种微小的系统中。在原子内部，起着重要作用的力的大小和基本作用量子差不多。所以，整个运动的画面呈现出弥散的状态。电子围绕原子核运动和刚才老虎的运动很相似，那只老虎也是从各个方向把大象包围住了。"

"那么，会不会有人射击电子的方式和我们射击老虎一样？"汤普金斯先生问道。

"哦，肯定有啦，很多情况下，原子核就可以发射出拥有大量能量的光量子（光的基本作用单元）。也有一种方法是在原子外对电子进行射击，也就是用一束光照射电子。这时候出现的情形恰好和刚才那只老虎遇到的情况一样：大部分光量子向电子射击时，其实对电子没有丝毫的影响，一直到有一个光量子击中了电子并产生作用时，电子就会马上从原子中被撞出去。量子系统是不会出现只受一点儿影响的状态的，它只能出现两种状态：要么一点儿影响都没有，要么被影响得很严重。"

"正因如此，在量子世界里，想要抚摩那只娇弱的小猫却还不想折断它的脖子是不可能的。"汤普金斯先生下结论说。

"你们看，那里有好多羚羊啊！"理查德爵士一边喊，一边把他的枪端了起来。的确，在他们说话时，从棕榈林里跑出来一大群羚羊。

"这是被训练过的羚羊，"汤普金斯先生心想，"它们跑起来的队形非常整齐，像是将要接受检阅的士兵。我猜这可能又是某种量子效应吧。"

那群羚羊迅速地向他们的大象跑来，正当理查德爵士要开枪时，教授却制止了他。

"把你的子弹节省下来吧，"他说，"你真的很难射中一只正在以

正当理查德爵士要开枪时，教授却制止了他

衍射图形运动的动物。"

"你刚刚说'一只'动物？"理查德爵士喊道，"这里现在最少也有好几十只动物啊！"

"不是这样的！这里只有一只羚羊，它从棕榈林里跑出来大概是因为受到了惊吓。现在，任何物体'弥散'的性质和普通光线弥散的性质是相似的；因此，当物体从一排排列非常有规律的出口穿过时，就会发生衍射。这里的丛林中分开的棕榈树干就像那些出口一样，羚羊穿过时，就出现了衍射现象。你们可能在学校里学习过这种现象。正因如此，我们才认为物质具有波动性质。"

但是，理查德爵士和汤普金斯先生都已经忘记了"衍射"这个词语的含义，于是他们的谈话就停了下来。

当他们进一步走进这个量子内陆时，又遇到很多有意思的动物，比如丛林中由于质量很小，无法确定其位置的量子蚊虫；还有让人觉得非常好笑的量子猿猴。现在，他们正慢慢靠近一个地方，这个地方看起来像是有土著人在里面居住。

>>> 汤普金斯先生醒来

"在这之前，我竟然不知道，"教授说，"原来还有人在这个地方居住。根据他们的喧闹声，我觉得他们可能在为某个节日举办庆祝活动。你们也来听听这一直持续的喧闹的铃声吧！"

这些土著人正在一个火堆旁围成了一圈，跳起了一种非常豪放的舞蹈，所以很难把他们的身体一个一个区分开来。你可以看到很多只漆黑的手从人群中伸出来，这些手里还不断地挥舞着大铃铛。当他们向这个村庄靠近时，这个村庄里包括小茅屋和大树在内的所有东西，都发生了弥散现象……

吵闹的铃声扰人心绪，汤普金斯先生觉得不能再忍受下去了，他从身边拿起了某个东西，朝着铃声的方向扔了过去。原来他扔出去的是块怀表，这块怀表把床头的水杯砸倒了，水顿时流了出来。汤普金斯先生听到水流声才清醒过来，发现原来刚刚是在做梦。于是他迅速地从床上下来，穿好衣服——半个小时内他必须到达银行——去上班了。

厨房里麦克斯韦的妖精

气泡迅速地从杯子里冒出来，把杯里的液体盖住了，一朵稀薄的蒸汽云缓缓升起，向着天花板的方向飘去。但是，最让人感到惊奇的是，这杯饮料中，只有一块冰晶附近的很小的一个区域的液体在沸腾着，其他地方的液体依然是冰的。

>>> 只赢不输的赌博方法

在过去几个月非常不一般的探险经历中，教授千方百计地想让汤普金斯先生了解物理学的奇妙之处。而汤普金斯先生却越来越喜欢教授的女儿慕德，最后，他非常害羞地向慕德求婚了。慕德接受了他的请求，答应嫁给他。于是，他们正式结为了夫妻。教授觉得他作为岳父，有责任在最短时间内向他的女婿传授物理学领域的知识和取得的最新成就。

某个星期天的下午，在汤普金斯先生和慕德的公寓中，他们俩都坐在沙发里一边休息一边看书，慕德在看新出版的《时髦》，而汤普金斯先生在阅读《绅士》里的一篇文章。

"啊，"汤普金斯先生突然大声叫了起来，"这里有一种赌博的方法，可以让你只赢不输！"

"你真的觉得会有这种方法吗，西里尔？"慕德显得有些不开心，她把眼睛从时装杂志的上方抬起来，"爸爸经常说，没有任何赌博方法是真正可靠的。"

"可是你快来看啊，慕德！"汤普金斯先生说着，把他刚才仔细阅读了半个小时的那篇文章递了过去，"我不了解其他的赌博方法是什么样的，但这种方法是建立在简单的数学上的，我实在不知道它能在哪些方面出问题。你只需要在纸上写下以下这几个数字

1，2，3

然后按照书上讲的简单的规则去操作。"

"好吧，我们来试一试，"慕德对此产生了一些兴趣，说，"按什么规则？"

"你就先看一下文章中所举的例子吧，这可能是最好的了解规则的办法了。这篇文章介绍，他们进行的是轮盘赌，你需要在轮盘上的红格或者黑格中放置钱币，然后猜球会停在哪个格子上。就像抛硬币，猜正反面一样。好，现在我在纸上写下

1，2，3

规则是：用这个数列首尾两端的两个数相加，得到的结果就等于我要出的赌注的数值。所以，在这里，$1+3=4$，我现在应该要拿出4个筹码押在红格上。如果我赢了，我就要划掉1和3这两个数字，那么剩下的数字2就是我下次要押的赌注；如果我输了，我就应该在那个数列的尾部加上我输掉的那个赌注的数值，并且再一次重复刚才的规则，算出下一次的赌注。假如现在我输了，球并没有停在红格子里，而是在黑格子里，我的4个筹码被庄家拿走了。这样的话，刚才的数列就变成了

1，2，3，4

所以，$1+4=5$，第二次我要出5个筹码。假设这一次我又输了，根

据这篇文章的玩法，我还得用相同的方法继续操作，在数列的尾部加上5这个数字，然后出6个筹码，押在赌桌上。"

"你必须赢一次了！"慕德激动地喊了起来，"你总不能一直输下去呀。"

"没关系的。"汤普金斯先生说，"你可能不相信，我小时候和朋友玩抛硬币的游戏，有一次居然连续输了10次。不过，现在还是让我们按照文章里的要求做，假设我这次赢了，我就赢得了12个筹码，但是我在前几次赌博中共投入了15个，所以我现在还是亏了3个筹码。根据文章中介绍的规则，我需要划掉1和5这两个数字，于是，这个数列现在就是：

1，2，3，4，5

那么第三次的赌注就是2＋4＝6，我依然需要押上6个筹码。"

"你必须赢一次了。"

“按照文中的规定，你又输了，”慕德看着她丈夫旁边的那篇文章，叹了口气说，“那么现在，你应该在这个数列的尾端加上数字6，然后押上8个筹码。是这样吗？”

“是的，没错。可是我又输了。现在这个数列成了

~~1~~，2，3，4，~~5~~，6，8

所以，根据规则，我该押上10个筹码了。很好，这次我赢了。划掉数字2和8，那么3＋6＝9，下一次我应给出9个筹码。不过，我又输了。”

“这个例子真是太糟糕了，”慕德噘着嘴不满地说，“到目前为止，你一共输了5次，赢了2次，一点儿都不公平！”

“完全没关系，”汤普金斯先生现在十分自信地说，“我们一定会在这一局结束时赢到钱的。我在上一次把9个筹码都输掉了，因此，我要在数列后面添上数字9，于是它就变成了

~~1~~，~~2~~，3，4，~~5~~，6，~~8~~，9，

此时，我需要出12个筹码。然后，假设我又赢了，我就要划掉数字3和9，用剩下的数字4和6相加，得到10，也就是我需要出10个筹码。然后，这一次我也赢了，本局结束，因为我已经划掉了所有数字。这样一来，虽然我一共输了5次，只赢了4次，但我净赢了6个筹码！”

“你真的觉得你能够赢6个筹码？”慕德对此表示很怀疑。

“当然。你可以想一下，我们是这样进行赌博的：每结束一局，你就能赢到6个筹码。你可以通过简单的算术来验证，所以我才会把这种赌法说成是一种数学赌法，它永远都可以发挥作用。如果你还觉得有疑问，你完全可以在纸上检验一遍。”

“好吧，我相信你了，这种赌法能够只赢不输，”慕德贴心地表示同意，“但是，赢了6个筹码并不算多啊！”

"如果你在每一局结束的时候，都能赢6个筹码，那就算是赢很多了。你可以每次都从1,2,3开始，不断地重复这种方法，到最后你想得到多少钱都行。还有比这更美妙的事情吗？"

"太棒啦！"慕德顿时变得很兴奋，"到那时，你就不用再去银行上班了，我们可以在一幢漂亮的房子里居住。对了，我今天路过一家商店时，在它的橱窗里看到一件很美丽的貂皮大衣，它只卖……"

蒙特卡洛是欧洲摩纳哥公国的一座城市，是世界闻名的赌城。

"我们肯定会把它买回来的，不过我们现在需要赶紧做的是去蒙特卡洛。这篇文章肯定有很多人看过了，如果别人赶在我们前面到了赌场，那我们只能眼睁睁地看着这些赌场因为赔本而关门，那就太遗憾了。"

"我马上去联系航空公司，"慕德自告奋勇地说，"询问一下去蒙特卡洛的飞机在什么时候起飞。"

>>> 赌局的真相

"你们在干什么呢？"一个熟悉的声音在走廊里响了起来，是慕德的父亲在说话，他走进了他们的房间，看到这对异常兴奋的夫妇十分惊讶。

"我们马上坐飞机去蒙特卡洛，等我们回来的时候，就变得非常有钱了。"汤普金斯先生说着就站了起来，迎接教授。

"噢，我知道了，"教授坐进了壁炉旁边的老式沙发里，看起来十分舒服，他笑着说，"你们是找到了一种新的赌法吗？"

　　"对啊，但是，这种赌法是肯定能赢的！"慕德着急地声明道，她还把手放在了电话上。

慕德和教授之间的争论

　　"这是真的，"汤普金斯先生把杂志递给教授，补充道，"这篇文章真的不能漏掉。"

　　"这篇文章不能漏掉？"教授笑着说，"好吧，那我看看它到底讲了些什么。"他迅速地看完了这篇文章，然后说道："这个赌法中存在一个明显的特点，就在于它教你如何出赌注的规则，它规定当你输掉钱时应该增加下一次的赌注，当你赢得钱时应该减少下一次的赌注。照这样下去，如果你的输赢是交替并且有规律地进行着，你赌博的成本就会一直上下波动着，但是，每次减少的数量都会稍微地比每次增加的数量少一点点。这样一来，你肯定会很快地赢得很多钱变成百万富翁。

"不过，你肯定也相当明白并不会有这样的规律存在。实际上，出现这种有规律的输赢的概率，是和不间断地赢那么多次的概率一样小的。所以，我们就必须来看看，如果你连续输几次或者赢几次的后果是什么。如果你碰巧有了赌徒们所说的那种好运气，那么这里的规则要求每次赢钱后你的赌注都在减少（或者至少没有增加），你所赢得的总数目就不会太多。但是因为你每次都会在输钱后加大赌注的筹码，那么一旦运气不好，就会出现巨大的灾难——它很可能会让你变得一无所有！

"现在你应该明白了，如果用一条曲线来表示你赌本的变化情况，那么这条曲线中有几个部分是缓慢上升的，但也有一些地方是在急剧下降的。你刚开始赌博时，似乎能一直处于曲线缓慢上升的阶段，这时，你会感到稍微有些安慰，因为你发现你赢钱的速度虽然慢，但是它一直在稳定增加。如果你赌得更久一些，希望赢得越来越多的钱时，这时你意料之外的事情就可能会发生了——你突然碰到一次急剧的下降，下降的程度可能需要你把全部的赌本都输掉，连一分钱都不会剩下。我们可以用非常简单的常用的办法证明，不管是这种赌法还是什么别的赌法，曲线升高一倍的概率等于它降到零的概率。换句话说，如果你一次性把所有的钱都只压在一个格子（红格或者黑格）上，一下子就赢得了两倍的赌本或者全部输光，这种概率和你最后赢的钱的概率是相等的。所有这类赌法能做的，其实都是想延长你的赌博时间，增加你的赢钱兴趣。

"但是，如果你只是想达到这种目的，根本不需要把事情搞得这么复杂。你也清楚，还有一种是由36个格子组成的轮盘，每个格子上面都有一个数字，你完全可以每次只留一个数字不押，在剩下的35个数字上都押上筹码。这种情况下，你有35/36的机会能赢到钱，每赢一次，庄家除了要给你35个筹码的赌注外，还要再多给你一个筹码；轮盘每转36次的机会中，大约有一次机会是转球在你没有押筹码的数字上停下，那么你就输掉了押进去的35个筹码。如果这样赌下去，在足够长的时间里，你的赌本波动的曲线和按照刚刚那本杂志中的赌法而得到的曲线是完全一致的。

"当然了，我刚才的说法中是认为轮盘上没有数字'零'这一格的。然而实际上，我见过的每一个轮盘上都是有'零'这一格的，甚至有的轮盘上有两格都写着'零'，这样做的目的是为了给开赌人留下一些彩头，但对下赌注的人是没有好处的。所以，赌钱的人的钱一定会慢慢地从他们的钱包中流向赌场主人的钱柜中的，不管赌钱的人使用了什么办法。"

"你的意思是说，"汤普金斯先生感到完全失去了希望，"根本就没有什么只赢不输的赌法，所有赢钱的方法都是在冒着输钱的风险吗？"

"这恰恰是我的意思，"教授说，"不仅如此，我刚才所说的一切不仅适用于赌博这种没有那么严肃重要的问题，同时也适用于很多乍一看和概率现象一点儿关系都没有的物理现象。说起这一点，如果你能设计出一种系统可以突破概率定理，那么人类能够做到的事可就远比赢那几个小钱更振奋人心了。到了那个时候，有不烧汽油就可以行驶的汽车，有不烧煤就能工作的工厂，还有很多其他奇妙的东西。"

>>> 第二类永动机

"我好像在哪儿读过描写这种假想机器的文章，我记得人们称它为永动机，"汤普金斯先生说道，"要是我没有记错的话，这种没有燃料就能运行的机器，已经被人们证明是不能被制造出来的，因为任何人都不能什么都不用就产生能量。不过，这类机器和赌博可没有一点儿关系啊！"

"你说得没错，我的孩子，"教授表示同意，看到他这个女婿总算懂点儿物理学了，他很欣慰，"这类永动机被人们称作'第一类永动机'，它是完全不可能被制造出来的，因为它和能量守恒定律矛盾了。不过，我刚才提到的不靠燃料燃烧就能运行的机器属于另外一种完全不一样的类型，通常人们把它叫作'第二类永动机'。人们设计这类永动机，并不是希望在什么都没有的情况下就能产生能量，而是希望它们能够把能量从我们周围的热库（包括大地、海水和空气）中提取出来。比如说，你可以想象有一艘锅炉里正冒着蒸汽的轮船，它并不是依靠烧煤来获取热量，而是靠从周围的水中提取的热量。事实上，如果真的有可能让热量从温度较低的物体流到温度较高的物体上去，我们不用使用其他办法，就可以制造出一种机器，这种机器可以先从海中抽取海水，然后把海水中的热量抽取出来，留下一堆冰块，再把它们推回海里。一升冷水凝结成冰时释放的热量是可以加热另一升冷水，使它的温度接近沸点的。如果我们拥有了这样的机器，让它进行工作，那我们所有人都可以从此过着衣食无忧的生活，就像那些使用只赢不输的赌法的人一样。但很遗憾，这两种情况都不可能出现，因为它们都违反了概率定理。"

"在海水中提取热量，并用这种热量来产生轮船锅炉中的蒸汽，这种想法真的很荒唐，对于这一点我倒是完全能够接受的，"汤普金斯先生说，"可是，我实在找不出这个问题与概率定理之间的关系。你刚才一定没提到，这种不用燃料就能工作的机器的部件是骰子和轮盘，不是吗？"

"我肯定不会提出这样的建议啊！"教授大声说，"至少，我想任何一个永动机发明者都不会想出这样的建议，即使他是想法最多的那个人。问题在于，热过程的本质和扔骰子的本质是非常相似的：希望热量能从温度较低的物体流到温度较高的物体上，就等于你想要金钱能从赌场主的钱柜转移到你的钱包里。"

"你的意思是，赌场主的钱柜的温度低，我的钱包温度高？"汤普金斯先生充满疑惑地问道。

"是的，某种程度上可以这样说，"教授回答说，"如果你没有错过我上星期的那次演讲，你就会知道，热不是什么其他的东西，而是无数个粒子——也就是我们所说的构成一切物质的原子和分子——一直在做高速的、毫无规律可循的运动。这种分子运动进行得越猛烈，物体就表现得越热。由于这种分子运动非常没有规律，它就要遵守概率定理。我们可以毫不困难地证明，一个系统由大量的粒子构成，它所能达到的状态一定相当于现有的总能量在粒子之间均匀分布的状态。如果加热物体的某一部分，也就是说，如果让这个区域内的分子开始做速度更快一点儿的运动，那么我们就可以估计到，通过大规模的偶然碰撞，它们所获得的额外的能量将很快地传递到其他粒子那里。不过，由于这种碰撞完全是偶然的，也有可能发生另一种情况，那就是在偶然的机会中，有些粒子可能会被牺牲掉，从而其他粒子能够多得到一部分能量。热能就是这样在物体某一特定的部分自动聚集起来，就像是热量从温度较低的地方向温度较高的地方流动，从理论上说，这种可能性还是有的。但是，如果有人去统计热能在特定的部分集中起来的概率，他只能得到一个极小的数值，因此，我们认为根本不可能发生这种情况。"

"哦，现在我了解了，"汤普金斯先生说，"你的意思是，这种第二类永动机在非常偶尔的情况下也能工作，但出现这种现象的概率非常非常小，就像一次扔100个或是1000个骰子，每次出现的都是数字6那一面的概率那么小。"

"可能性要远远小于这种情况，"教授说，"实际上，在和大自然赌博时我们赌赢的概率实在是太微小了，甚至都很难找到词语来形容它。举个例子吧，如果让这个房间里的全部空气都自动地在桌子下面集中起来，而让房间里的其他地方都处于绝对的真空状态，出现这种情况的概率我完全可以计算出来。你一次能扔出多少个骰子应该和这个房间的空气中含有多少个分子数是一样的，那么，我必须要先算出这个房间里的分子数。我记得一般大气压下，每立方厘米的空气中的分子含量是一个20位的数字，所以这个房间里应该有大约27位数字那么多的空气分子。桌子下面的空间占整个房间的总体积的比例是1%，所以某个分子的位置是在桌子下面而不是其他地方的概率也是1%。这样，如果想让房间里所有的分子都集中在桌子下面，并算出这种概率，就需要用1%×1%……一直乘到所有的分子都乘过了，就能得到一个结果，这个结果是小数点后54位都为零的小数。"

"唉！"汤普金斯先生叹着气说道，"我肯定不能在这样小的概率上押上赌注！可是，这一切不就是在说根本就不可能发生偏离均匀分布的情况吗？"

"没错，是这样的，"教授同意了汤普金斯先生的说法，"如果你能够把'我们不可能因为所有空气都处于桌子下面而窒息'当作是一条永恒不变的真理，那么你就可以认为液体在你的酒杯中不会自发地沸腾。但是，如果你考虑的区域要远远小于刚才我们说的房间，那么在这个区域中的分子（骰子）的数量也会少很多，这时，偏离统计分布的可能性就变得很大了。例如，这个房间里的空气分子通常会在某些地方聚集得多一些，而且是完全自发的，这样空气里的分子会暂时产生不均匀性的分布，这种情况被人们称作密度的统计涨落。当太阳照射着地球，阳光从大气层间穿过时，光谱中的蓝光会因为这种不均匀性而发生散射，天空就会出现我们看到的蓝色。如果世界上不存在这种密度的统计涨落，那么天空会一直是黑色的，到了那个时候，即使是在阳光灿烂的白天，也可以清晰地看到星星。同样，当液体快要达到沸点的温度时，它们的颜色就变成了乳白色，这是由于分子运动的不规则性带来的和密度涨落相似的现象。不过，几乎不可能大规模地发生这种涨落，我们可能几十亿年都不一定能遇上一次这样的涨落。"

"但是，就在现在这个房间里，也仍然有可能发生这种非比寻常的事件，"汤普金斯先生固执地说，"难道不是吗？"

"是的，这是当然的，并且没有任何人有理由坚持认为，一碗汤完全没有可能由于其中一半分子在偶然的情况下获得同一方向的热速度，而自己倾倒在台布上。"

"昨天刚刚发生了这样的事情呢，"慕德插话说，她在看完杂志之后，开始对讨论产生兴趣了，"汤从碗里洒了出来，但是阿姨说她绝对没有触碰到那张桌子。"

教授发出了咯咯的笑声。"在这种特殊的场合下，"他说，"我倒觉得，阿姨才需要对这件事负责，而不是麦克斯韦的妖精。"

>>> 麦克斯韦的妖精与熵

"麦克斯韦的妖精？"汤普金斯先生又重复了一遍这个名字，他非常惊奇，"我一直以为最不可能相信妖魔鬼怪的人是科学家呢。"

麦克斯韦（1831—1879），英国物理学家、数学家。他在很多领域都有贡献，比如气体粒子理论、天体物理学、颜色理论等。"麦克斯韦的妖精"是他为了说明违反热力学第二定律的可能性而设想的，是在物理学中假想的妖精，能探测并控制单个分子的运动。

"不过，我们这样说其实是有点儿开玩笑的意味，"教授，"麦克斯韦是英国的物理学家，他应该对这个词负责任的。不过实际上，他把统计学妖精这个概念引进物理学，仅仅是希望把这个概念变得更形象一点儿。他用这个统计学妖精来阐述关于热现象的讨论。

麦克斯韦假设这个妖精是一个动作非常敏捷并能服从你的命令的小伙子，如果你发出命令让他去改变每一个分子的运动方向，他就会照做。如果真的有这样一个妖精存在于世界上，那么，热量就有可能从温度较低的物体流到温度较高的物体上去，这时作为热力学的基本定理的熵恒增加原理就变得没有什么用了。"

"是熵吗？"汤普金斯先生重复了一遍这个字，"我原来听说过这个字。有一次，我去参加一个同事举行的酒会，几杯酒喝完后，他请来的几个化学专业的大学生就用流行歌曲的调子唱起了一首歌：

增加，减少，

减少，增加，

熵要怎么做，

让它减少还是增加呢？

不过，话说回来，到底什么是熵呢？"

"这倒是很好解释。'熵'其实是一个概念，它描述的是物体或物理系统内分子运动的混乱程度。分子之间大规模的毫无规律的碰撞总是倾向于使熵增大，因为在任何一个统计系统中，绝对无序是最有可能实现的状态。不过，如果真的有麦克斯韦的妖精的话，他能很快地使分子的运动按照某种秩序进行，就好比一只优秀的牧羊犬能集合起来所有羊群，让它们根据道路的方向向前走。这时，熵就会开始减小。还有一点要告诉你的是，根据 H 定理，**玻尔兹曼**在科学中引进了……"

> 玻尔兹曼（1844—1906），奥地利物理学家、哲学家、热力学和统计物理学的奠基人。他发展了通过原子的性质来解释和预测物质的物理性质的统计力学，并从统计意义对热力学第二定律进行阐释。

教授显然不记得他谈话的对象实际上对物理学一点儿都不了解，还没有达到大学生的水平，所以在他接下来的解说中，出现了很多生僻的概念，比如"广义参数""准各态历经系统"，他还自信地认为自己把热力学定理和它与**吉布斯**统计力学的关系讲得非常清楚明白呢。汤普金斯先生对他岳父经常会进行他完全听不明白的演讲早就习以为常，所以他用哲

> 吉布斯（1839—1903），美国物理学家。化学热力学的创始者之一。他在建立统计物理学方面有重要成果。

学家具有的逆来顺受的态度来面对，他拿起加了苏打水的威士忌，小口饮着，努力装出理解得很透彻的样子。但是，对于慕德来说，这一切有关统计物理学的精髓实在是太深奥了，她整个人都蜷在沙发里，努力让自己不闭上眼睛。最后，为了不睡过去，她决定去厨房看看晚饭的准备情况。

"夫人想要什么？"当慕德进入厨房时，一位穿着雅致的高个子厨师向她鞠了一躬，非常有礼貌地问她。

"我什么也不要，我是来和你一起干活儿的。"她说，心中有些奇怪这里的这个人是从哪里来的。这显然是件非常奇怪的事，因为她家既没有男厨师，也雇不起男厨师。这个人体型纤细高挑，有着橄榄色的皮肤，长着一个又长又尖的鼻子，似乎可以在他绿色的眼睛里看到一股奇怪的、热烈的火焰。他的额头两侧的黑发中有两个对称的肉肿块微微露出一半，当慕德看到这种景象时，整个人都战栗起来。

慕德遇到麦克斯韦妖精

"可能是我在做梦，"她想，"要不然，他其实是直接从歌剧院跑出来的**靡菲斯特**。"

靡菲斯特是一种恶魔，来自于德国文学家歌德的长诗《浮士德》。

"根本不是。"这个奇怪的厨师边说边充满艺术感地敲了敲餐桌，"实际上，是我自己要到这里来的，我来这里的目的是想向你的高贵的父亲证明，我不是他说的虚拟人物。现在让我介绍一下自己：我就是麦克斯韦的妖精啊！"

"噢！"慕德呼出了一口气，放松了下来，"那么，你应该不像别的妖精那样让人厌恶，你完全不像是会伤害别人的妖精。"

"当然不会啦，"妖精宽容地笑了笑，"不过，我非常喜欢和别人开玩笑，现在我想和你父亲开个小玩笑。"

"你想做什么？"慕德问道，她还没有打消疑虑。

"我只是想告诉他，如果我来办这件事，熵恒增加定律就会完全没有什么用了。为了使你相信我有这个能力，请允许我冒昧地请你跟我一起去。我保证你不会发生任何危险。"

>>> 熵恒增加定律

妖精说完这些后就紧紧地抓住了慕德的胳膊肘，同时，慕德发现在她四周的所有东西都突然开始变得奇怪起来。在厨房里，所有她熟悉的东西都开始以恐怖的速度变大，她向一张椅子的椅背看了最后一眼，那个椅背已经遮住了所有地平线。当一切终于平静下来时，她发现她的同伴正牵着她在空中飘浮着。许多大小如网球，看起来非常不清晰的球，从各个方向朝他们飞来，和他们擦身而过，但是麦克斯韦的妖精有办法让他们躲过所有看起来会威胁到他们的东西。慕德向下望去，有一个从外表看像是渔船的东西在他们下方，而且这艘船上堆满了还在颤抖的、浑身闪着光的鱼，一直堆到了船舷的边缘。然而，这些并不是鱼，而是那些看起来非常像刚才从他们身边掠过的轮廓不清晰的球。妖精带她来到了更近的地方，这时，她的周围似乎就是一片闪着亮光的粥的海洋。这个海洋在不停地翻滚着，有些球在表面上漂浮着，有些球则好像要沉到海底。偶尔有一个球以快得惊人的速度猛冲到表面上，甚至闯到了天空里来，有时，也有一两个在空中飞来飞去的球潜入海底，淹没在无数的小球下面。慕德更认真地观察了下面闪着光的粥后，发现在粥里其实漂浮着两种不一样的球。如果说大部分球比较像网球，另外一部分又大又长的球就比较像是美国的橄榄球。每一个球都是半透明状的，并且它们的内部结构看起来十分复杂，难以描述。

"我们现在在哪里？"慕德喘着粗气问道，"地狱就是这个样子的吗？"

"不，"妖精笑了，"你的想象力可真丰富。我们只不过是在仔细地观察酒精表面的一小部分罢了。当你父亲解释'准各态历经系统'的概念时，你的丈夫是喝了这种饮料才没有睡着的。你看到的球全都是分子。那些像网球的是水分子，那些像橄榄球的是乙醇分子。如果你稍微注意一下，算一算这两种球的数量的比例，你就会发现，你的丈夫为自己调制了一种多么烈性的饮料。"

"这倒挺有意思的，"慕德尽量表现出严肃的表情说，"可是，在水面上漂浮着的看起来像是在戏水的鲸到底是什么东西呢？我想它们肯定不是原子鲸吧，对吗？"

"地狱就是这个样子的吗？"

妖精看向慕德所指的方向。"不，它们肯定不是鲸，"他说，"实际上，它们是一些细小的烧煳了的大麦的碎片，这种配料赋予了威士忌特别的香味和颜色。每一片碎片都比较大也比较重，这是因为在其中包含了几百万乃至几千万个有机分子，这些分子的结构非常复杂。你也看到了，它们总是在转来转去，这是由于其中的水分子和乙醇分子受热后会进行非常活跃的撞击，才产生的活动。正是通过研究这种大小处于中等水平的粒子，科学家才首次验证了热的分子运动理论，因为这种粒子大小适中，既能被分子运动影响，又能通过高倍数的显微镜观察得到。通过测量这种在液体中漂浮的微粒进行的塔兰台拉舞（也就是我们常说的布朗运动）的强度，物理学家们就能直接获取关于分子运动能量的最新数据。"

接着，妖精把她带到一面巨大的墙壁前面，这堵墙是用数不清的水分子筑成的，一个紧挨着一个，就像砌砖一样。

"太令人心动了！"慕德忍不住赞叹道，"这个漂亮的建筑物正好是我一直在寻找的，可以用来做我画的那张肖像的背景图案，不过它到底是个什么东西？"

"噢，这是一部分冰晶体，来自于你丈夫杯子里的众多冰晶中的一小块，"妖精说，"现在，如果你不介意的话，我准备和那位自信的教授开玩笑了。"

说着，麦克斯韦的妖精让慕德站在那块冰晶的边缘上，慕德像个悲惨的爬山者一样战战兢兢的，而麦克斯韦的妖精则开始了工作。他拿起一个跟网球拍差不多的器械不停地击打着周围的分子。他左打一下，右打一下，总是能刚好击中所有顽固的一直沿着错误方向飞行的分子，让它们沿着正确的方向继续飞行。虽然慕德在一个非常危险的地方站着，但她还是不由自主地观赏起他奇特的速度和准确度来，每一次他让速度特别快、特别难打到的分子成功地返回时，她都高兴地为他叫好。和她现在观看的这场表演相比，她曾经看过的那些网球比赛的冠军看起来更像是一无是处的笨蛋了。没过几分钟，妖精已经有了明显的工作成果。这时，她发现，虽然有一些运动速度很慢、不活跃的分子在液体的表面上覆盖着，但她脚下的那部分液体却在更剧烈地翻滚着。在蒸发过程中，越来越多的分子从表面跑掉了。现在，成千上万个分子都结合在一起，就像一个个大气泡那样从液体表面跑了出来，闯入了空中。然后，慕德的视线被蒸汽形成的云雾遮住，她只有很少的机会看到球拍或是妖精的外衣后摆在很多很多混乱的分子之间来回活动。最后，她身体下方的冰晶分子也塌陷了，她掉到了下方的密度很大的蒸汽云雾中……

云雾渐渐消散，慕德发现自己坐在沙发里，正好是她去厨房之前坐着的那个位置。

"熵太可怕了！"她父亲大声地叫着，汤普金斯先生的酒让他非常困惑，"这个酒居然在沸腾！"

气泡迅速地从杯子里冒出来，把杯里的液体盖住了，一朵稀薄的蒸汽云缓缓升起，向着天花板的方向飘去。但是，最让人感到惊奇的是，这杯饮料中，只有一块冰晶附近的很小的一个区域的液体在沸腾着，其他地方的液体依然是冰的。

"你们想一想！"教授还在恐惧中，用颤抖的声音说，"我正在给你们解释熵定律统计涨落的概念，然后就立刻看到了这种现象！能遇到这样的机会真是太难得了，这大概是有了地球之后，第一次出现的一种偶然现象：运动速度比较快的分子全部自动地集中在了水面的一部分，导致液体自己沸腾起来！即使再过几十亿年，也不会有人能看到这种不寻常的现象。"他看着饮料慢慢冷却下来。"我们太幸运了！"他非常满意地吐出一口气。

　　慕德微笑着没有说一句话。她并不想和她的父亲辩论，但这次，她觉得她一定比父亲知道更多的东西。

"熵太可怕了！这个酒居然在沸腾！"

10

快乐的电子集团

10

他环视了一下四周，发现并不是只有他自己在进行这种可笑的飞行，还有很多模模糊糊的人影在他旁边，那些人正在围着他们中间的一个庞大的、很笨重的物体旋转。这些奇特的人影都成双成对地在空间中穿行，快乐地在圆形或者椭圆形的轨道上嬉戏着。汤普金斯先生突然发现他是这群人中唯一一个没有伙伴一起飞行的人，他觉得十分孤单。

>>> 不能再分解得更小的东西

某个晚上，汤普金斯先生吃完晚饭后，想起了他之前答应教授要在当天晚上去听他的演讲，演讲的内容就是关于原子结构的。但是，他已经有些厌烦岳父那永远都没有尽头的演讲，因此，他决定忘记这次演讲，舒适地待在家里度过一个美好的晚上。当他刚刚要坐下看书，慕德就打断了他想逃课的想法，她看了一下时间，然后用温柔而坚定的语气对他说："差不多该出发去听讲座了。"于是，半个小时以后，他又坐在了大学演讲厅里的木头板凳上，和很多希望能学到更多知识的青年学生一起听讲座。

"女士们、先生们，"教授透过他的老花镜的镜片庄严地看着听众，开口说道，"在上一次演讲中，我答应大家要进一步讲解原子的内部结构，并说明这种结构所具有的特点对它本身的物理性质和化学性质的影响。你们当然了解，目前为止，质子和电子这种更小的粒子是物质最基本的，不能再分解的组成部分，原子已经不再扮演这样的角色了。

"公元前4世纪的时候，古希腊哲学家**德谟克里特**提出了一个想法：应该把物质的基本组成粒子当作是物体可以进行分解的最后一个层级。德谟克

> 德谟克里特（约前460—前370），原子唯物论学说的创始人之一，唯物主义哲学家。

里特在思考事物的本质时，遇到了关于物质结构的问题，他产生了一个疑问：物质究竟是否能够无限地被分成越来越小的组成部分？由于在那个时候，人们通常只会对问题进行单纯的思考，而不会采用其他方式进行解决，当时也没有办法靠实验解决，德谟克里特只能不断地进行深刻的思考，从而找到真正的答案。在一些难以理解的哲学基础上，他得到了一个结论：物质可以被分成很多无限小的组成部分的这件事，是'意想不到'的，因此，我们必须假设，有一种'不能再被分解得更小的粒子'存在于世界上。他称这种粒子为'原子'，你们大概都已经了解，这个希腊词语的原意就是'不能再分解得更小的东西'。

"德谟克里特在推动自然科学向前发展的方面做了巨大努力，我并不想在此贬低他的这种贡献，但需要提醒大家注意的是，当时除了德谟克里特和他的支持者外，还有一个古希腊哲学学派坚持认为，物质可以不断地不受限制地被分解下去。这样的话，无论人们用精密科学研究出什么样的成果，古希腊的哲学在物理学史中的地位都是体面的、不可动摇的。在德谟克里特时期和之后的很多年里，一直都有不能再被分解的

物质组成部分的说法，但由于一直没有被证实，它只是一个纯粹的哲学假说。直到19世纪，科学家才能肯定地说，2000多年前德谟克里特预测的那种不能再分解的物质的基础被他们找到了。

道尔顿（1766—1844），英国化学家、物理学家。他在气象学、物理学和化学方面有很大的建树。文中指的是他提出的倍比定律。

"事实上在1808年，英国化学家**道尔顿**就指出了化合物中各个成分的占比……"

汤普金斯先生从演讲开始时，就有了一种不能抵抗的、想闭上眼睛在讲座中睡过去的愿望，只不过他坐的木板凳具有一种学院式的坚硬性，他没办法这样做而已。现在，道尔顿的倍比定律让他终于放弃了挣扎，于是，汤普金斯先生坐在角落里发出了轻微的鼾声，这种声音在安静的演讲厅里不断蔓延着。

>>> 汤普金斯先生变成价电子

当汤普金斯先生开始做梦时，板凳坚硬又不舒适的感觉似乎变成在空中飞行的轻快的感觉，这种感觉令人愉快。当他再次睁开眼睛时，他惊奇地发现自己正在空中快速地飞行，而且这种速度已经快到让他觉得十分莽撞了。他环视了一下四周，发现并不是只有他自己在进行这种可笑的飞行，还有很多模模糊糊的人影在他旁边，那些人正在围着他们中间的一个庞大的、很笨重的物体旋转。这些奇特的人影都成双成对地在空间中穿行，快乐地在圆形或者椭圆形的轨道上嬉戏着。汤普金斯先生突然发现他是这群人中唯——个没有伙伴一起飞行的人，他觉得十分孤单。

　　"为什么没有让慕德和我一起来呢？"汤普金斯先生感到有些不开心，"如果她来了，我们就可以和这些快乐的人一起度过一段美好的时光了。"他在所有人的外面运行着，虽然他很想参与这群人的活动，但他因为感觉自己是一个孤单的人而没有这样做。不过，后来，当汤普金斯先生突然意识到自己已经神奇地参与到一个原子的电子群中时，他决定向其中一个经过他身边的沿着椭圆的轨道运行的电子诉说一下他目前的烦恼。

这些奇特的人影都成双成对地在空间中穿行，快乐地在圆形或者椭圆形的轨道上嬉戏着

"为什么我不能找到任何一个人跟我玩呢？"他对着旁边的电子大声喊着。

"因为这里只有一个原子，而你是一个价——电——子——"电子大声地回答道，然后它转身返回那群正在跳舞的人中。

"价电子就是独自生活，否则就只能到其他的原子中去寻找另一半。"另一个电子和他擦身而过后，用很高的女高音对他说。

"如果你想找到美丽的伴侣，你就得去氯原子里寻找。"

另一个电子哼起了小调，带有些嘲弄的意味。

"我看，你是个刚刚来到这儿的人，我的孩子，你看起来非常孤单啊！"一个慈祥的声音从他的头顶传来。汤普金斯先生抬眼看到一个矮胖的身穿束腰外衣的神父。

"我的孩子，你看起来非常孤单啊！"

　　"我是泡利神父，"神父跟着汤普金斯先生一起沿轨道运行，并说道，"我与生俱来的使命是紧密关注原子中的电子和别的地方的电子的品德和社会生活。我的职责就是维持这些贪玩的电子的分布状态，让他们能够正常地待在由杰出的设计师玻尔建造的漂亮的原子结构中的各个量子房间里。为了保持正常的秩序和风化，我从来不允许处在同一条轨道上的电子数量超过两个，你知道，在一个ménagc á trois中，总有一大堆麻烦的问题需要你解决。因此，必须永远让两

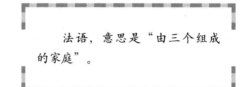

法语，意思是"由三个组成的家庭"。

个'自旋'的方向是相反的电子结合在一起，如果有一对电子在一个房间里住下来，那么别人就不能再闯进这个房间里去。这个法则非常好，而且我还有一句要补充：从来没有哪个电子会破坏我定的规则。"

　　"也许这个法则的确很好，"汤普金斯先生反对说，"但到目前为止，我觉得它一点儿都不方便。"

　　"对于这一点，我也很了解，"神父笑着说，"不过，这只是你自己运气不好，偏偏成了一个孤独的原子的价电子。你现在所附属的原子是钠原子，它依靠它的原子核（也就是你刚才看到的其他电子围着的那团黑东西）的电荷，让11个电子围绕它的身体转动。不过，这对你来说很不幸，因为11是个奇数。但是你想想看，在所有数字中，奇数和偶数各占一半，你就得承认，你并没有遭遇一个非常困难的处境。所以，既然你是新来的，你就只能一个人孤单地生活，至少暂时如此。"

　　"你的意思是我以后还有其他机会？"汤普金斯先生着急地问道，"比如说，可以赶走一个老住户？"

　　"这反而是你不能做的事情，"神父摆动着一根手指头对他说，"不过，当然啦，从外面来的干扰因素会把某些内圈的电子甩出去，从

而永远存在有一个位置是空出来的概率。但是，如果我是你的话，我并不想有这种情况发生。"

"他们说，如果想让情况变好一些，可以搬到氯原子里去，"汤普金斯先生说，他被泡利神父搞得有些灰心了，"你能告诉我该怎么过去吗？"

"年轻人啊，年轻人！"神父惋惜地感叹道，"你为什么要如此执着地找个伴侣？你为什么不珍惜能够一个人生活和上天赐给你的拥有一个安宁的灵魂的好机会呢？不过，如果你非得要找另一个伙伴陪你不可，我也可以告诉你如何才能达成愿望。如果你顺着我指的方向看去，你会看到一个离我们很远的氯原子正在朝我们这里走来，在那里有一个空位是没有人占据的，你过去后一定会非常受欢迎。那个空位是属于外面的电子（也就是'M壳层中'）的。这个壳层里本来有8个电子，它们结合成4对。但是，正如你所看到的，现在朝着一个方向自旋的有4个电子，另一个方向只有3个电子，也就是说空了一个位置。而在里面的壳层中，所谓的'K壳层'和'I壳层'这两个壳层里都已经被电子占满了。所以，如果你过去把外壳层也填满，那个原子一定很欢迎。你可以在两个原子相互靠近时跳过去，价电子一般都是这么做的。这样，你大概就能得到你想要的了，我的孩子！"说完这些话，这个神父令人印象深刻的身影就在稀薄的空气中消失了。

汤普金斯先生感觉重新振作了起来，他集中全部的精力，准备在氯原子经过他时使出全身的力气，跳到它的轨道上去。让他感到意外的是，只是轻轻一跃，就毫不费力地跳了过去，此时，他已经被包围在氯原子M壳层的成员的欢迎和友爱中了。

"你能到我们这个集体中来，我真是太高兴了！"那个和他的自旋方向相反的新伴侣叫了起来，与此同时开始沿着轨道优雅地滑翔。

"现在再也不会有人说我们这个集体不是完整的了。我们大家全都很开心。"

汤普金斯先生也表示赞同，这样做确实让大家都感到开心，而且简直是极其开心。然而，他的脑海中产生了一种淡淡的忧伤，"等我再见到慕德时，我该如何向她解释呢？"他感到十分内疚，不过他并没有内疚多长时间。"她肯定不会在意这件事的，"他断定道，"毕竟真正说起来，它们仅仅是些电子啊！"

"那个你刚刚从上面跳下来的原子，为什么现在都还不离开？"他的伴侣有些不愉快地问，"难道它还等着你再回到它那里吗？"

事实上，那个失去了一个价电子的钠原子和这个氯原子紧紧地粘在一起，好像是在等待汤普金斯先生回心转意，再回到他自己的那条相当冷清的轨道上。

"你想得可真美！"汤普金斯先生皱着眉头看向之前对他那么冷淡的钠原子，生气地说，"你这个想要回报又不愿付出的家伙！"

"嗨，它们总会出现这种情况，"*M*壳层中有一个成员有这方面的经验，它说道，"我了解，钠原子的原子核是很希望你能回去的，但它的电子集团并没有这么迫切的希望。中央的原子核与它的电子卫队之间总会有不一致的意见：原子核希望它的电荷能拉住尽可能多的电子，而电子自己呢，却只要有能够填满壳层的电子数量就够了。只有几种原子的占有主导地位的原子核和从属地位的电子的意见能够达成一致，这几种原子是所谓的**稀有气体**。例如，像氦、氖和氩

稀有气体也叫"惰性气体"。它们的化学性质极不活泼，一般不易与其他元素化合。

这些气体的原子都是自己能够满足自己的，它们既不让自己的成员离开，也不让新的成员加入进来。在化学上，它们是不活泼的气体，它们

的原子总是离其他一切原子远远的。但是，除此之外的其他所有原子的电子集团都在时刻准备着更改成员的数量。在钠原子中，也就是你之前待过的地方，原子核靠它的电荷吸引住的电子数量要比让壳层达到平衡所需要的电子数量多出一个来。而在我们这个原子中的正常电子的数量比让壳层达到平衡所需的电子数量少，所以尽管你的到来会让原子核超负荷，我们还是欢迎你。只要你在我们这里，我们的氯原子的性质就不是中性的，它会多出来一个电荷。这样的话，你离开的那个钠原子就会停靠在我们身边，这是由于静电引力的作用。有一次，我听到那位令人钦佩的泡利神父说，人们通常把这种接受了从别的原子上跳过来的电子或者失去自身的电子的原子集体，称为'负离子'或'正离子'。他还经常用"分子"表示数量大于等于2的依靠电子组合在一起的原子所形成的集体。不管怎么说，他好像称呼这种钠原子和氯原子组合在一起的分子为'食盐'分子。"

"你是想说，你没听说过食盐这种东西吗？"汤普金斯先生说，他已经不记得他在跟谁说话了，"那就是你早晨吃饭的时候，你在煎鸡蛋上撒的东西呀。"

"那么，什么是'早餐'和'煎鸡蛋'？"那个电子有兴趣地问道。汤普金斯先生最初有点儿激动，后来才意识到，想要把生活中哪怕是最简单的小事解释给他的伙伴们听，也一点儿作用都没有。"当它们谈论价电子和满壳层的问题时，我无法从中收获到更多，也就是这个原因了。"他对自己说。他决定好好参观一下，在这个奇妙的世界里获得一切乐趣，而不是因为不能理解它而烦恼。但是，想要甩开那个健谈的电子可一点儿都不容易，它显然是有一种想要把它在电子世界中生活了这么长时间后得到的知识全部倾诉出来的欲望。

"你别想当然地觉得，"它继续说，"原子结合成电子的方式永远只有一个价电子参与其中。有些原子，比如说氧原子，需要再增加两个电子才能填满它的壳层，还有些原子需要增加三个以上的电子才行。另一方面，某些原子的原子核却掌握了至少两个多余的电子——或者说价电子。这两种电子相遇时，一个原子上的电子就会跑到另一个原子中去，然后这两种原子就结合在一起。结果，就出现了很复杂的分子，这种分子中常常包括数千个原子。还有一种分子叫'无极性分子'，是由两个完全相同的原子组成的，不过，这种组合并不愉快。"

"为什么会不愉快呢？"汤普金斯先生问，他又一次充满了兴趣。

"想要把两个原子结合在一起，"那个电子解释说，"有太多事情要做。前段时间，有一次我刚好接受了这个任务，我在那里从头到尾都没有休息过片刻。为什么呢？那里和我们这里不一样，在这里只需要让价电子愉快地从一个原子搬到另一个原子那里，也就是让原来的原子缺少一个电子，这个原子就能自动停在另一个原子旁边了。不，先生，在那儿是行不通的！为了把两个完全一样的原子组合在一起，价电子必须在这两个原子间跑来跑去，刚到了另一个原子上，又得马上回来。我保证，你会觉得自己跟个乒乓球似的！"

这句话使汤普金斯先生感到十分震惊，虽然这个电子不知道煎鸡蛋为何物，却能顺口说出乒乓球！不过，汤普金斯先生很快就忽略了这个问题。

"我再也不想负责这种事情了！"这个懒惰的电子不断地自言自语地抱怨着，由于说到了这个不愉快的回忆，它很激动，"现在这个地方让我觉得很舒服。"

"等一下！"它突然大叫起来，"我想，我已经看到了一个地方比这里更好了。我要去那里了！再见啦！"说完，它就用力跳向了另一个原子的内部。

顺着这个交谈者跳跃的方向看去，汤普金斯先生现在知道是怎么回事了。原来是从外面闯进来一个高速运动的电子，它意外地进入了内部的电子体系，撞到了一个内圈电子，并让它通过原子的空隙飞了出去，于是，有一个温暖舒适的位置在"K壳层"中空了出来。汤普金斯先生一面因为没有抓住这个进入内圈的机会而感到懊恼，一面又饶有兴趣地观察那个刚刚还在和他说话的电子的行动。在一道明亮光线的陪伴下，那个走运的电子继续着这次成功的飞行，不断地深入原子的内部。那道刺眼的射线直到它成功抵达原子内部的轨道时，才终于熄灭了。

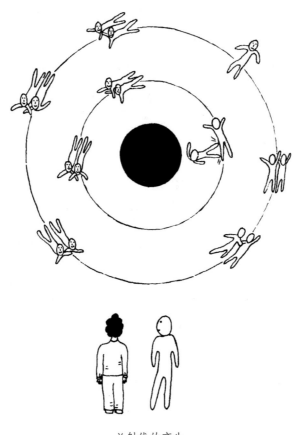

X 射线的产生

"那是什么?"汤普金斯先生问,由于刚刚观察了这个令人意外的现象,他的眼睛还觉得有些痛,"是什么原因导致这一切变得那么明亮?"

"哦,这只是一种X射线,在进行转移时发射出来的,"那个和他在同一个轨道上的伴侣一面向他解释,一面笑着他的尴尬,"我们中间一旦有一个电子进入到原子的内部,就会有射线发射出来,这种射线是多余的能量的表现形式。这个幸运的小伙子因为跳了很远的距离,所以就有巨大的能量释放出来。不过,通常我们只能完成距离较近的跳跃,也就是到原子的近郊区,这个时候发出的射线被泡利神父称为'可见光'。"

"但是,不论你给这种X光起什么样的名字,它都是可以看见的,"汤普金斯先生争论道,"我必须得说,你们这种命名很容易给人们留下错误的印象。"

"然而,出现这种情况的原因是由于我们是电子,我们对任何一种射线都有高度的敏感性。泡利神父告诉过我们,世界上有一种巨大的生物,他把这种生物称为'人类'。他说,人类能看到的光的能量间隔(也就是波长范围)是很窄的。有一次他还说,有一个叫作**伦琴**的非常优秀的人花了很多精力才发现了X射线,这种X射线现在主要用于叫作'医学'的事情上。"

> 伦琴(1845—1923),德国物理学家,是他发现了X射线,为开创医疗影像技术铺平道路,并获得诺贝尔物理学奖。

"是的,是的。关于这件事我了解了很多。"汤普金斯先生说道,他感到很自豪,觉得终于可以露一手了,"你需要我给你讲一讲吗?"

"谢谢你,不过不用啦。"那个电子打了一个呵欠说,"我对这个没有什么兴趣。你是不是觉得不说话就不舒服？现在，你追我试试看，看是否能抓到我！"

>>> 和其他电子荡秋千

这之后的很长一段时间，汤普金斯先生都在和别的电子荡秋千，它们荡秋千的方式非常特别，而汤普金斯先生很喜欢这种在空间中疾驰所带来的快感。突然间，他发现头顶的头发全都竖了起来，根根分明，这种相似的体验他之前也有过，那是曾经有一次在山上碰到雷阵雨的时候出现的。显然，有一个强烈的电干扰正在离它们的原子越来越近，这让电子的运动失去了平衡，迫使电子们从它们正常的轨道中飞离很远的距离。对人类的物理学家来说，这其实就是一个紫外光波正在经过这个原子，在微小的粒子看来，这简直就是非常恐怖的电风暴了。

"你快向这边靠过来！"他的同伴大声叫着，"要不然，你会因为光效应的作用力而被甩出去的！"然而，已经来不及了，汤普金斯先生已经被这种作用力抓住了，就像是被两个非常有力的手指干脆利落地捏住，以可怕的速度直直地向空间的深处扔出去。他上气不接下气地在空间中越冲越远，和各不相同的原子擦身而过，他经过这些原子的速度实在太快了，以至于他不能分辨出那些原子。突然，他的正前方出现了一个庞大的原子，他知道，要不可避免地撞上这个原子了。

"对不起，不过，我是被光效应甩过来的，我无法……"汤普金斯先生用非常礼貌的语气说着，一阵尖锐的爆裂声很快把他的后半截话淹没了，因为此时他和一个外层电子面对面地撞上了。他们全都头朝下地向空间深处摔去。不过，汤普金斯先生因为刚才的碰撞，速度已经减小很多了，现在他有时间比较认真地观察他的新环境了。那些在他周围站立着的原子，要远远大于他之前看到过的任何一个原子，而且每个原子都有29个电子。如果他在化学方面的知识更丰富一点儿的话，他就能发现这些原子是铜原子，但是在如此近的距离中，如果把这群原子当成一个整体看，它们和铜一点儿都不像。此外，它们之间的距离相当近，形成一种有规则的图案，延伸到他目光根本无法到达的地方。

>>> 电子湮没

不过，最让汤普金斯先生感到吃惊的，是这些原子好像并没有很在意维持电子的数量，尤其是那些处于外层的电子。事实上，这些原子外面的轨道上大部分处于一种空置的状态，只有一群完全不受约束的电子在空间中缓慢地移动着，他们一会儿在这个原子外围停一停，一会儿到那个原子外围停一停，但停留的时间都很短。汤普金斯先生经历了刚才那段要命的飞行后，感到非常疲惫，所以，他只想先在铜原子中找到一条稳定点儿的轨道稍微休息一会儿。然而，他很快就被那群电子全部都懒洋洋的状态所感染，继而和其他电子一样做着漫无目的的运动。

"我得说这里的情况似乎不太好，"他小声评价道，"这里有太多漫无目的地工作的电子了。我觉得，泡利神父要是知道这种情况，应该解决一下。"

"为什么我该解决这个问题呢？"伴随着神父熟悉的声音——不知道他从什么地方冒了出来，"这些电子并没有不遵守我的规则，不只是这样，它们现在正在做一项非常有用的任务。如果所有原子都像某些一直努力想维持自身的电子的原子那样，就不会有导电性产生了。要是那样的话，你家的电铃都不能用了，更别说电灯和电话了。"

"啊，你的意思是，这些闲逛的电子是负责电流的？"汤普金斯先生问道，他希望能把这个对话引到他熟悉的领域中，"但是，我并不能看出来它们是如何进行这项工作的，它们像是没有特定方向地做运动。"

"首先，我的孩子，"神父说，"你不应该把这些电子称为'它们'，而应该用'我们'这个词。你可能已经不记得你也是个电子了，同时你也忘了另一件事：如果有人按下一个按钮，这个按钮又和这根铜线是相连的，电压就会驱使你和另外那些导电电子一起工作，最后让电铃呼喊女仆或者让她去做别的事情。"

"可这并不是我想做的事啊，"汤普金斯先生显得有些着急地说，"事实上，我已经不想再当电子了，我觉得一点儿乐趣都没有。我为什么要永远过这种承担这么多责任的电子的生活呢！"

"不一定永远要这样过，"泡利神父反驳道，他一定不喜欢帮那些平凡的电子说话，"你总是会有机会彻底湮没的。"

"湮没？"汤普金斯先生惊恐地重复一遍，"可是，我总认为电子是永恒存在的。"

"物理学家们直到前不久还很相信这件事，"泡利神父同意道，他觉得汤普金斯先生的反应很有意思，"不过，这种想法并不准确。电子会出生，也会死亡，和人类是一样的。当然，死亡会发生得很突然，没有警告，只有通过碰撞才会发生。"

"可是，我在这之前刚刚碰撞过呢，那一次可真是糟糕透了，"汤普金斯先生的信心又恢复了，"既然我经历了那次碰撞都没有湮没，那么，我想就应该没有其他碰撞能做到了。"

　　"问题的关键并不是发生碰撞时的力量有多大，"泡利神父纠正他说，"而在于你跟谁发生了碰撞。在上次的碰撞中，你大概是和一个跟你完全相同的电子撞在了一起，在这种冲突里，是完全没有危险的。实际上，就算你们像两只公绵羊那样互相顶撞，也不会有什么伤害。但是，还有一种叫'正电子'的电子，前段时间才被物理学家发现。这些正电子运行的道路和你完全一样，唯一的不同是，它们带的是正电荷，而不是负电荷。当你发现一个这样的电子靠近你时，你以为它只是你们这个集体中另一个友好的成员，于是你上前和它打招呼。但是，当你突然意识到，它不像其他电子一样为了不和你发生碰撞而把你轻轻推开，而是使劲儿把你吸过去时，你想做任何事情都为时已晚。"

"你想做任何事情都为时已晚。"

"简直太可怕了！"汤普金斯先生喊道，"多少个可怜的普通电子会被一个正电子吃掉呢？"

"幸好只有一个电子被吃掉，因为正电子在毁灭那个电子时，自己也会毁灭。你可以这样想象一下，正电子是一个正在寻找能够互相湮没搭档的自杀俱乐部的成员。正电子之间并不会互相伤害，不过一旦有一个负电子出现在它们前进的路上，这个负电子就不太可能存活了。"

"好在我运气不错，还没有碰到过这样的怪物，"汤普金斯先生说，这些描述让他印象深刻，"我希望它们的数量并不太多，它们的数量多吗？"

"并没有很多。原因很简单：它们总在自己给自己找麻烦，所以它们出生没多久就会消失。如果你愿意等一会儿，我可能能找到一个正电子让你看看。"

泡利神父找了一会儿后说，"好了，这里就有一个，"他指着远处的一个重原子核说，"你看到了吗？有一个正电子正在诞生。"

>>> 电子诞生

神父的手指着的原子明显受到来自外界的某种强大的辐射，这种辐射产生了强烈的电磁干扰。这种干扰比那种使汤普金斯先生出去的氯原子的射线还要厉害，因此，原子核周围的电子集团开始瓦解，看起来像是台风把树叶吹向了四面八方。

"你需要仔细地注意一下那个原子核。"泡利神父说。汤普金斯先生全神贯注地看着这种正在发生的不寻常的现象。在那个被破坏了的原子的内部，离原子核非常近的电子壳层的里面，有两个模糊不清的阴影正在迅速成形。过了一会儿，汤普金斯先生看到从它们的出生地快速飞出了两个全新的闪着光的电子。

"但是，我怎么看到了两个电子呢？"汤普金斯先生激动地说。

"是这样的，"泡利神父表示同意，"电子总是成双成对地诞生，它们是遵循电荷守恒定律的。在强γ射线作用下，原子核会同时产生两个粒子，一个是负电子，另一个是正电子，也就是凶手。现在它开始出发去寻找和它同归于尽的人了。"

"行吧，情况还没有那么糟糕，"汤普金斯先生评价说，"既然每次有一个正电子出生，同时也有一个普通电子跟着出生，那么就不会让电子集体灭绝了，我……"

"小心！"神父突然打断了他，并且在旁边推了他一下，这时，那个刚刚诞生的正电子从距离他身边只有3厘米远的地方呼啸而过。"如果你周围有这种杀人的粒子时，你一定要特别留神才行。不过，我已经和你交谈了很长时间，我现在需要做其他事情去了。我得去找我心爱的'中微子'了……"说着，神父马上就消失得没有踪影了，既没有告诉汤普金斯先生什么是"中微子"，也没有说这种中微子是不是令人害怕的。神父的突然消失，让汤普金斯先生有一种被抛弃的感觉，此时他更孤独了。因此，当他后来在空间中旅行时，他总会碰到很多个电子伙伴向他靠近，这个时候他的内心甚至强烈地希望，这些看起来无害的电子其实就是杀手。很长时间中，在他看来可能过了好几个世纪那么长，他都没有办法证实他的恐惧和希望，于是，他只能继续做着导电电子枯燥的工作。

然后，一切就在突然间发生了，而且恰恰是他最不想让它发生的时间点。当时，汤普金斯先生有一种迫不及待要和别人聊天的需求——即使是个木讷的导电电子也行——于是，他慢慢靠近一个粒子，这个粒子

汤普金斯先生努力地挣扎着

正在慢慢地经过他身边，显然是个刚来到这段铜线中的新人。但是，甚至在他们俩还相距很远的时候，他发现自己处在了一种不好的境地：有一股完全抵抗不了的力在使劲儿拽着他，想把他拽到自己那里，丝毫不给他后退的机会。有那么一段时间，他拼命挣扎着，想要挣脱出去，但是，很快，他们之间的距离变得越来越近，汤普金斯先生感觉自己似乎看到了杀手脸上魔鬼般的笑容。

"快放我出去，放我出去！"汤普金斯先生高声叫喊着，同时手和脚都在努力地挣扎着，"我还不想湮没，我愿意做永远的传导电流！"但是，一切都没有用！突然，一道强光把周围的空间照得刺眼又明亮。

"行吧，我已经湮没了，"汤普金斯先生想道，"可是为什么我还能够思考？难道湮没的只是我的肉体，而我的灵魂正在去往量子天堂的路上？"这时有一种新的比较轻柔的力在执着而干脆地摇着他，他睁开双眼，发现那是大学的看门人。

"很抱歉，先生，"他说，"不过，演讲已经结束很长时间了，我们现在准备关门了。"

汤普金斯先生想打呵欠，但还是用力压了回去，显得有些窘迫。

"晚安，先生！"看门人带着同情的笑容对他说。

汤普金斯先生因为睡着而错过的部分演讲

11

当把泡利原理用于原子的量子态的研究时，就有这样一个说法：不能有两个以上的电子"占据"每一个量子运动状态，并且这两个电子在进行自旋运动时，方向必须是相反的。因此，当我们按元素的自然序列的顺序向电子数不断增加的原子前进时，我们就会发现，很多个电子把不同的量子运动状态填充完整，原子的直径也伴随着填充不断增大。

>>> 道尔顿原子

在1808年，英国化学家道尔顿在倍比定律中提出，各种各样的复杂化合物的形成需要各种化学元素的组合，这些化学元素的数量比总是整数比。他在解释这个定律时，把出现这种现象的原因归结为：任何化合物都是由许多不同的简单化学元素的粒子构成，只是组成的粒子数不同而已。中世纪的炼金术士在让一种化学元素转变成另一种化学元素的实验中从来没有成功过。这就证明了，粒子是不能进行无限分割的，所以，人们称它们为"原子"，在古希腊语中是"不能再分解的东西"的意思。这个名字自确定下来后，一直被沿用至今。虽然我们现在已经明白，这种"道尔顿原子"是可以继续分解的，而且它们是由很多比它们更小的粒子构成的。但是，对于这个名词在哲学上的不一致性，我们一直采取假装看不见的态度。

可见，这些物质虽然一直被物理学家们称为"原子"，但它们其实根本不是德谟克里特认为的那种基本的、不可分割的结构单位，如果"原子"这个词能够用到组成"道尔顿的原子"的更小的粒子上去，比如电子和质子，可能会更准确一点儿。但是，如果总是把名称换来换去，就会让人们觉得很混乱，所以物理学家们保留了道尔顿给出的古老的"原子"的名字，而统称电子、质子为"基本粒子"。

基本粒子这个名字暗示着，我们到现在为止认为的那些更小的粒子，确实和德谟克里特所指的基本的、不可分割的粒子是一致的。因此，你们可能会想：历史难道不会重演吗？如果科学继续发展，难道不会研究出这些粒子其实也是一些复杂的东西吗？我的答案是：虽然我们都不能保证这种事情一定不会发生，但是，我们也充分地相信，这一次我们是对的。实际上，**一共有92种不同的原子**（它们是和92种元素对应

> 这里指的是不包括超铀元素在内的自然存在的元素。如果包括铀元素，那么现在已经发现了118种元素。

的），并且每种原子的特性都很复杂，而且各不相同。这种情况就要求人们把一种更复杂的结构简化成更基本的结构。另外，今天的物理学只能确定出几种不同的基本粒子，包括电子、核子还有中微子。不过，对于中微子的本质，直到现在人们都没有弄得很清楚。

这些基本粒子具有非常简单的性质，即使经过更深层次的归纳，也并不能简化多少。此外，你肯定能明白，如果你想建造一个比较复杂的房屋，你总应该存放几种基本的建筑材料，如果你有两三种基本材料，

也不算是很多。因此我觉得，现代物理学中这些基本粒子的名称不会改变，我可以拿出所有的钱跟你打赌。

>>> 放射性元素的嬗变

那么，道尔顿的原子是如何由基本粒子构成的呢？这个问题的第一个答案是由英国物理学家**卢瑟福**在1911年提出的一个结论。当时，他正在研究原子的结构，他用放射性元素在**嬗变**过程中发射出的α粒子去轰击其他的原子。当他发现这些α粒子通过一种物质后发生了角度上的偏转（也就是散射），他就得出结论：任何原子都一定有一个密度很小，质量也很小的带正电的核心（原子核），并且在它周围围绕着一片非常稀疏的负电荷云（也就是原子大气）。现在我们已经了解到，一定数量的质子和中子构成了原子核，而且它们是被强大的内聚力紧紧联系在一起的；我们还了解了，原子大气中有不同数量的负电子，这些负电子受原子核中的正电荷静电引力的作用，绕原子核旋转。原子的物理性质和化学性质由原子大气的电子数量决定，电子数量随着化学元素的自然顺序从1（属于氢）一直增大到92（属于铀）。

卢瑟福（1871—1937），他在放射性物质方面有很多发现。他提出了原子由原子核和周围电子构成的理论。

嬗变是一种元素通过核反应转化成另一种元素或另一种核素。

尽管卢瑟福的原子模型明显简单了许多，但是要想详细地把它理解清楚，却是一件比较难的事情。实际上，根据经典物理学的一个最可靠的原则，带负电的电子的动能一定会在它绕原子核转动时，通过辐射（即发射出光）的过程消失。人们通过计算已经知道，由于电子的能量在稳定地失去，构成原子大气的所有电子在还不到1秒钟的时间里，就会降落到原子核上，出现因崩塌而产生的收缩现象。不过，这个看似正确的经典物理学的结论和事实是完全矛盾的，因为原子大气是非常稳定的：原子中的电子永远都不会落在原子核上，而且会永远地围绕着中心体旋转。这样，我们就会发现，经典力学的基本概念与有关原子力学行为相符的经验数据之间的矛盾根深蒂固。

丹麦物理学家尼尔斯·玻尔通过这个事实认识到，从现在开始，我们必须把经典力学——几世纪以来在自然科学系统中一直享有特权和安全地位的理论，当作一个只能在有限的应用范围内使用的理论，它可以在我们日常接触的宏观世界中使用，但是一旦用在原子内部发生的更精细的运动类型上，它就完全失败了。

>>> 玻尔的量子条件

玻尔认为，为了试验性地建立一门应用范围更广的新型力学，让它也能够在原子机器的细微部件的运动中起作用，我们可以假设在经典物理学理论所包含的一切运动类型当中，只能在自然界中实现少数几种特定的类型。这些类型（轨道），应该在一定的数学条件——玻尔理论中提到的量子条件——的基础上来选择。

在这里，我不想过多地讨论这些量子条件，而只想告诉大家，这些条件的选择方法让它所施加的所有东西都被限制，在移动的粒子的质量远大于我们在原子结构中遇到的质量的情况下，变得没有任何意义。这样一来，当新的微观力学应用到宏观物体上时，得出的结果和旧的物理学理论完全一样。只有把它们用在细小的原子机器中，这两种理论的出现才具有重要价值。

由于我们不想讨论更多的细节，在这里我想通过玻尔理论中的某种成果——他画的原子中的量子轨道图，让大家知道玻尔所认为的原子的结构。从这张图上可以看到一连串圆形和椭圆形的轨道（当然，这是放大了很多倍的结果），它们代表的是构成原子大气的电子在玻尔的量子条件下所允许的唯一的运动类型。经典力学对电子绕原子核运动时电子距原子核的距离没有任何限制，同时也不会限制电子轨道的偏心率（即扁长度），而在玻尔的理论中，他所说的特定轨道是一组分立的轨道，它们在特征和尺寸上全部是有严格规定的。在图上每个轨道旁边都标注着数字和外文字母，它们代表那个轨道按照已采用的分类方案而得到的名称。你们可以注意到，比较大的数字和直径比较大的轨道是相对应的关系。

虽然人们已经验证了，在解释原子和分子的性质时，玻尔提出的原子结构理论具有很大的成效。但是，人们还没有搞清楚量子轨道分立的概念，当我们越想剖析经典理论所受到的这种不同寻常的限制时，整个图像就变得越不清晰了。

最后，人们终于弄明白了，玻尔的理论没有完全成功的原因是，他没有用一种能够探索到经典力学最深处的方法去改造它，而只是在经典力学所得到的结果上用一些附加条件加以限制，而这些条件又不符合经典理论的整个体系。

玻尔和索末菲最早研究出的电子在氢原子中的量子轨道

>>> 波动力学

直到13年后，正确答案才以所谓"量子力学"（或者称为波动力学）的形式出现，并且它修改了经典力学的整个基础。尽管和玻尔的旧理论相比，波动力学的体系看上去更加奇怪，但这种新的微观力学却成了理论物理学拥有最合理的逻辑和最容易被接受的特性部分的代表。在过去的几次演讲中，我已经谈过很多关于新力学的东西了，尤其是"测不准性"和"弥散轨道"之类的概念，所以我不会在这里重复。那么现在，让我们更进一步地了解一下，这些概念是如何在原子结构的问题中应用的。

在我现在展示的图中（请看一下的图），你们可以看到，从"弥散轨道"这个概念出发，动力学理论是如何设想电子在原子中的运动的。这幅图描述的运动类型刚好和上一幅图相对应（不过，为了让你们看得更清楚些，现在我们在不同的图中分开展示这几个运动类型），但是你们并不能在图中看到玻尔理论轮廓清晰的轨迹，取而代之的是一些符合测不准原理朦朦胧胧的图形。现在在这里标注的记号和上一幅图是一样的，如果你们比较一下这两幅图，然后稍微地想象一下，就能发现，旧的玻尔轨道的一般特点被这些云雾状的图案详尽地还原了。

这些图已经非常清楚地向我们传达了一个观点，在量子能够发挥作用的情况下，经典力学中那些奇妙的旧式轨道会变成什么样子。虽然有些不明白相关原理的人会认为这种图像是人们可笑的幻想，但那些致力于原子的微观世界的科学家，能够非常容易地接受它。

我们已经讨论了足够多的原子的电子大气可能出现的运动状态，现在有一个更重要的问题：原子中的电子在不同的运动状态中的布局是什么样的？在这儿，我们又要了解一个新的在我们的宏观世界中并不常见的原理。这个原理最先由泡利提出，它规定：

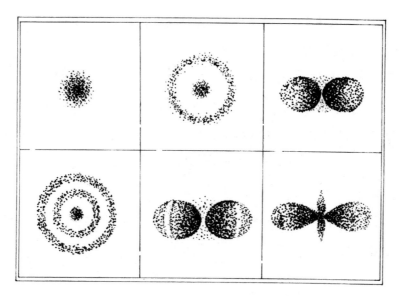

弥散的量子轨道

在任意的原子的电子集体中，两个电子不能同时处于相同的运动状态。

这个规定在经典力学中的价值并不大，因为经典力学中有无数种可能的运动状态。但是，量子规律在此之前已经减少了很多"允许的"运动状态的数量，泡利提出的原理对于原子世界来说有非常重要的意义：

它保证电子在原子核周围或多或少地均匀分布着，避免出现它们集体挤在某个特定的点上的情况。

不过，你们千万不要根据我刚才说的话就轻易下结论，在我的图中展示的任何一个弥散的量子运动状态，都只"占据"着一个电子。实际上，每一个电子除了会顺着轨道绕原子核旋转外，还会进行自旋，也就是绕自己的轴旋转。所以，如果两个电子有着不同的自旋方向，那么尽管它们的轨道相同，并且都绕原子核运动，也完全不会让泡利博士觉得有问题了。目前通过对电子自旋进行研究，人们发现电子自旋的速度永远是一样的，并且电子自旋轴的方向和轨道平面永远是相互垂直的。这样一来，电子只有两个不同的自旋方向，可以表示为"顺时针方向"和"逆时针方向"。

这样的话，当把泡利原理用于原子的量子态的研究时，就有这样一个说法：不能有两个以上的电子"占据"每一个量子运动状态，并且这两个电子在进行自旋运动时，方向必须是相反的。因此，当我们按元素的自然序列的顺序向电子数不断增加的原子前进时，我们就会发现，很多个电子把不同的量子运动状态填充完整，原子的直径也伴随着填充不断增大。

在这里我必须提醒大家的是，根据电子结合的强度，不同的量子态可以被归并成几组大致相等的分立的量子态（也称为电子壳层）。当按元素的自然序列的顺序不断推进时，这些量子态总是填充完一组后，才会继续填充另一组。并且，电子壳层是被电子按顺序填充完成的，原子的性质也会依据一定循环规律而发生改变。这就解释了我们众所周知的由俄国化学家门捷列夫根据经验发现的元素的周期性。

12

教授关于原子核内部的演讲

12

α 衰变过程的一个最特殊的特征是：α 粒子会花非常长的时间才能找到离开原子核的"门路"。对铀和钍来说，大概需要用几十亿年；对镭来说，这个时间大约是十六个世纪。除此以外，虽然有些元素发生衰变的时间只需要用几分之一秒，但是，和原子核内部运动的速度作比较的话，它们的整个寿命依然可以被认为是很长的了。

>>> 教授的上半段演讲

下一个汤普金斯先生要参加的演讲会，是专门介绍原子核的内部结构的。教授开始了他的演讲——

女士们、先生们：

当我们不断深入地研究物质的结构时，我们应该用智慧的眼睛，试着对原子核的内部进行观察。原子核的内部是一个神秘的区域，这个区域占原子本身总体积的比重仅为几亿分之一。虽然这个新研究领域的规模非常小，但我们会发现它具有巨大的潜力。实际上，虽然原子核的体积比较小，但它的质量大约为整个原子质量的**99.97%**。

在穿过原子密度很小的电子大气进入原子核时，我们马上会因为原子核内部充满了拥挤的粒子而感到十分惊讶。一般说来，原子中的电子进行活动的空间是它自身直径的几十万倍，而在原子核内部居住的粒子却与此不同，它们彼此紧紧地挤在一起，充满了整个原子核，原子核内部的空间小到只能供它们勉强移动。

这样说来，原子核内部的情况和一般液体很像，不过我们在原子核内部遇到的不是分子，而是远远小于分子，并且结构更简单的粒子，也就是所谓的质子和中子。在这里需要注意的是，虽然质子和中子有着不一样的名字，但它们被人们当成同一类重基本粒子（核子）的两种不一样的带电形式。质子带的是正电，中子则不带电。除此之外，原子核中也可能存在着带负电的核子，虽然目前为止，我们还没有发现这种核子。至于核子的几何大小，其实它们与电子的差别不大，直径约为0.000,000,000,000,1厘米。不过，核子的质量要比电子大很多，如果在天平的一端放置1840个电子，另一端只要放一个质子（或中子）就能达到平衡。

原子核中的粒子彼此紧密地挨在一起的原因是，某种特殊的原子核内聚力在起作用。这种力的作用方式与液体中分子间的作用力相当相似，而且就像液体中的分子之间的力一样，虽然这种力能够防止粒子分开，但并不能阻止粒子之间发生相对位移。这样的话，原子核具有一定的流动性，当没有任何外力干扰它时，它和普通的水滴形状差不多，呈球形。

在我展示的这张示意图中（请看下一页的图），你们可以看到几种结构不同的原子核。氢的原子核的内部结构是最简单的，它的内部只包含了一个质子；而结构最复杂的是铀原子核，它的内部包含了92个质子和142个中子。当然，你们可以把这张图当作对实际情况进行高度公式化后得到的示意图，因为按照量子论中的测不准原理，在整个原子核内，任何一个核子的位置实际上都发生了"弥散"。

我在前面提到了，超强的内聚力把原子核的各个粒子维持在一起，但是，原子核中除了有这种力，还有一种作用方向与它相反的力。实际上，带正电的质子大约是原子核中粒子总数的二分之一，它们由于**库仑力**的作用而彼此排斥。在质量比较轻的原子核中，电荷比较少，所以这种库仑力并不会产生什么影响；但是，在那些质量比较重、电荷比较多的原子核中，库仑力就会和内聚引力展开激烈的竞争，每当有这种情况发生时，原子核就不再处于稳定的状态，它会努力地从内部驱赶它的某些组成部分。这就是很多元素周期表结尾的元素——所谓的"放射性元素"会出现的情形。

> 库仑力也叫"静电力"，它是两个点按库仑定律相互作用的力。

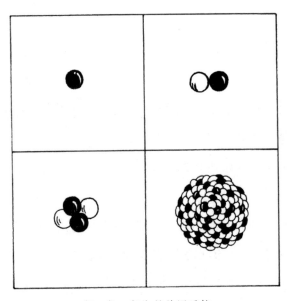

氢、氘、氦和铀的原子核

根据我上面的叙述，你们可能会得出结论，质子会被这些处于不稳定状态的重原子核发射出去，因为中子是不带电的，所以库仑力不会排斥它们。但是，通过实验我们可以发现，事实上，所谓的"α粒子"（氦的原子核）才是被发射出去的粒子，它是一种复合粒子，是由两个质子和两个中子组成的。我们可以用原子核的每个部分的特别的结合方式来解释这个实验结果：实际上，α粒子是由两个质子和两个中子组成的，这种组合非常稳定，因此，比起分裂成质子和中子后再抛出去，一下子把这种粒子团抛出去要更容易些。

你们应该都知道，法国物理学家**贝可勒尔**最先发现了放射性衰变现象。而英国物理学家卢瑟福认为这种现象是由于原子核自发嬗变才出现的。在

> 贝可勒尔（1852—1908），他在研究磷光现象时，发现了铀的放射性，与居里夫妇共同获得 1903 年诺贝尔物理学奖。

过去的演讲中，我已经提到过卢瑟福，他在原子核物理学中有许多重要的成果，对科学有着非常大的贡献。

α衰变过程的一个最特殊的特征是：α粒子会花非常长的时间才能找到离开原子核的"门路"。对铀和钍来说，大概需要用几十亿年；对镭来说，这个时间大约是十六个世纪。除此以外，虽然有些元素发生衰变的时间只需要用几分之一秒，但是，和原子核内部运动的速度作比较的话，它们的整个寿命依然可以被认为是很长的了。

那么，能让α粒子有时会在原子核内待上几十亿年时间的力量到底是什么呢？另外，它已经在原子核里待了那么久了，又是什么原因让它最后发射出来的呢？

为了解决这个问题，我们必须先来简要地谈一下关于内聚引力以及库仑力的相对强度。卢瑟福曾经对这两种力进行了精密的实验研究，他

采用的方法是"轰击原子"。他在卡文迪许实验室里，做过一个著名的实验，把一束由一个放射性物质发射的速度非常快的α粒子发射到其他物质上，这束粒子和被轰击的原子核发生了碰撞，他对这种碰撞产生的偏转（散射）进行了观察。这个实验证明，当这束粒子离原子核的距离较远时，它们会受到来自核电荷库仑力的强大排斥，但是，如果这束粒子非常靠近原子核区域的边界，强烈的引力就会取代这种斥力。可以说，原子核与一个从各个方向都有着高大陡峭的围墙的堡垒相似，这个围墙既控制着粒子不能从外面进来，也阻止粒子从里面出去。

但是，这个实验最让人感到惊奇的结果也在于：无论是在放射性衰变过程中从原子核里射出的α粒子，还是从外部穿透进原子核的粒子，它们真正拥有的能量都非常小，还不能够从围墙（势垒）上方越过。这个实验结果和经典力学中的概念出现了矛盾。是的，你滚一个皮球所用的能量比它达到山顶所需要的能量要小得多，你怎么对它能够跨越山顶这件事抱有希望呢？这种场合下，经典物理学只能认定卢瑟福的实验肯定出现了一些错误。

其实，并没有任何错误出现。如果一定要说出了什么错误的话，也一定不是卢瑟福出错，而是经典力学自身出了问题。这种情况已经被伽莫夫博士以及**格尼和康登**两位博士澄清了，他们认为，只要用量子理论来分析

> 格尼和康登是美国物理学家，他们最先指出，隧道效应可以解释α衰变。

这个问题，就不会有什么困难和问题了。实际上，我们已经很清楚，现在的量子物理学对经典理论里用非常明确、呈曲线的轨迹来表示α粒子的路径是相当排斥的，而是用了如幽灵般不清晰的轨迹来代替它们。并且，正如那些老派传说中描写的那样，幽灵可以毫无障碍地穿过厚重

的古堡石墙，这种幽灵般的轨迹也可以顺利地穿过那些经典力学认为完全不可能穿过的势垒。

大家一定不要以为我是开玩笑。能量并不够大的粒子能穿透势垒的这种可能性，其实是通过新的量子力学的基本方程直接计算出来的，它代表的是新的运动概念和旧的运动概念之间最重要的差别之一。不过，尽管新的力学可以容许这种非同一般的效应出现，但是要在这之前进行非常严格的限制才行：大部分情况下，粒子穿过势垒的可能性非常非常小，它们一定会在墙上撞击非常多的次数（次数多到让人难以相信）才能成功。量子理论中有计算这种逃出去的概率的准确公式。通过大量的实验结果，我们知道了，我们之前看到的 α 衰变的周期也完全符合这种理论预测的结果。即使是在那些粒子从外面射进原子核时，量子力学计算结果也和实验结果非常接近。

在更深层次的讨论之前，我给大家展示几张照片，它们反映了在被高能粒子撞击后，几种原子核的衰变过程。

从这张图中可以看到（见第194页、第195页），云室拍摄下来的两种不一样的衰变过程，至于云室是什么我以后会为大家详细介绍。照片A是卢瑟福的学生**布拉凯特**拍到的，它展示了一个高速 α 粒子撞击氮原子核后的情况，这是人类长久以来记录

> 布拉凯特（1897—1974），英国物理学家。他在宇宙射线方面取得了重要成果，获得 1948 年的诺贝尔物理学奖。

下的第一张元素被人为转变的照片。从照片上，你们根本不能看到从这个强 α 射线源辐射出来的 α 粒子的轨迹。绝大部分的 α 粒子都没有发生严重的撞击就从我们的视线范围中穿过去了，只有一个 α 粒子刚好打中了一个氮原子核，这个 α 粒子就在那里停止了运动。你们可以看到，从

这个撞击点开始又有两条轨迹被分离了出来。那条细长型的轨迹是一个质子从氮原子核中打出来形成的，而那条短粗型的轨迹是原子核自身发生反冲造成的。不过，这个反冲的原子核已经和原来的氮原子核完全不一样了，因为原来的原子核吸收了 α 粒子并且抛出了一个质子，就变成了氧原子核。可见，人们通过这个实验已经成功地把氮转变成氧，并且得到了作为副产品的氢。

（A）氮被氦击中后变成重氧和氢：

$$_7N^{14} + {_2}He^4 \rightarrow {_8}O^{17} + {_1}H^1;$$

（B）锂被氢击中后变成两个氦：

$$_3Li^7 + {_1}H^1 \rightarrow 2{_2}He^4$$

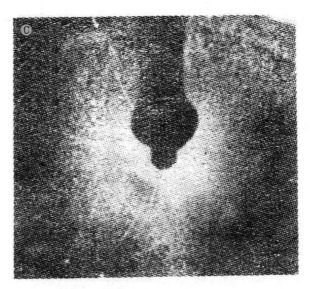

（*C*）硼被氢击中后变成三个氦：

$$_5B^{11} + _1H^1 \rightarrow 3_2He^4$$

另一张照片（照片*C*）显示的是质子被人为地加速后被当成炮弹去撞击原子核时出现的嬗变。这时有一束高速质子是用特别的高电压机器（所谓的原子粉碎机）制造出来的，它通过一根长长的管子穿过去，射入云室（在照片上可以看到管子的一端）。这一回，质子是朝着一层薄薄的硼片进行轰击，它被放置在管子下端的开口处，这样就能保证在撞击过程中，出现的核碎片能够从云室的空气中穿过，留下云雾状的轨迹。正如你们在照片上所看到的，质子击中硼的原子核后，原子核就分裂成了三部分。在考虑到电荷平衡的基础上，我们认为这里的每一块碎片都是一个α粒子（也就是氦的原子核）。这两张照片中的嬗变正好能代表现在的实验物理学研究的几百种核嬗变。这类核嬗变被称为"置换核反应"，在所有的这种反应中都会有一个入射粒子（质子、中子或α粒子）从原子核进入，赶走另一个粒子，它自己就置换了这个粒子。我们可以用α粒子和质子进行置换，也可以用质子和α粒子置换，还可以用中子和质子置换，等等。在所有这些嬗变过程中，产生的新元素和被攻击的元素在元素周期表上的位置是很近的。

> 哈恩（1879—1968），德国化学家，他发现了铀原子的裂变，因而在 1944 年获得了诺贝尔化学奖。

在第二次世界大战之前，**哈恩**、斯特拉斯曼这两位德国化学家发现了一种全新的原子核变化，这种变化中的重的原子核会分成两个大小差不多的部分，分裂的同时还有极大的能量释放出来。大家可以从我展示的幻灯片中看到，照片 *E* 中有两块来自铀原子核碎片的照片，这两块碎片从一张很薄的铀箔里飞出来，飞向了相反的方向。这种现象就叫作"核裂变反应"，人们在用中子束轰击铀时，第一次发现了这种情况。

但是，人们很快就发现了处于元素周期表末端的其他元素也有和它差不多的性质。看来，这些重原子核的稳定性确实已经要达到极限了，所以，虽然由于中子的撞击只产生了很小的刺激，但这种刺激已经足够把它们分成两份，像是一个非常大的摇晃的水滴分成较小的液滴了。这种重原子核是不稳定的，这种情况让人们找到了应该如何解释自然界中只有92种元素的线索。

实际上，所有比铀更重的元素都不能存在很长的时间，因为它们很快就会分裂成更多更小的碎片。从实用价值上看，这种"核裂变反应"也是很有意义的，因为它很可能在我们如何利用原子核能量这一领域开辟了一种新的途径。如果你清楚1千克铀中包含的原子核的能量等于22吨煤提供的能量，你们就更能明白，释放原子核能有可能极大地影响我们的经济和社会发展。

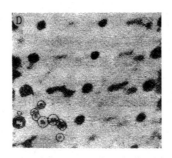

(D) 布拉格所拍摄的透辉石晶体原子的照片。角落里的那些圆圈形状的物体是单

个的钙、镁、硅和氧原子，这是放大 80,000,000 倍后的效果

(E) 中子轰击铀后，两块向相反方向飞出去的裂变碎片

(F) 中性 Λ 超子和反 Λ 超子的产生和衰变

　　尽管这种核反应给我们提供了很多关于原子核内部的信息，但是，它在过去只能在小范围内实现，直到前不久，释放出巨大的原子核能的希望仍然很渺茫。在1939年，哈恩和斯特拉斯曼有了新的发现，在裂变过程中，和巨大的能量一起释放出来的还有两三个中子，这些中子有很大的可能性会撞击到其他铀原子核，这些铀原子核被击中后都会分成两半，并且又把更多的能量和中子释放出来。这种裂变过程的最终结果就是导致巨大的爆炸，但是，如果控制好它，它就能提供源源不断的能量。我们很幸运，今天邀请到了"美国氢弹之父"泰勒金博士，他曾经参与过原子弹制造工作，虽然他还有其他会议要参加，但还是同意在百忙之中抽出时间，到这里来给大家简单地介绍一下和原子弹有关的问题。他说他马上就到。

>>>"美国氢弹之父"泰勒金博士的下半段演讲

　　正当教授在说着这些时，演讲厅的门突然被打开了，有一个人走了进来，他一看就是那种会给人留下深刻印象的人，他有一双炽烈的眼睛和两道立体的、又浓又黑的眉毛。他一边和教授握手，一边向听众这边转了过来。

　　"Höllgyeim és Uraim"他开始说了。"Mondta Ö röviden kell beszélnem, mert nagyon sok a dolgom. Ma reggel több megbeszé1ésem volt a Pentagon-ba és a Fahér Ház-ba. Délutan…啊，太抱歉了！"他大声喊道："我总是

> 匈牙利语，这段话的意思和下面一段话是相同的。

弄混这几种语言。现在我们重新开始！"

"女士们，先生们！我必须把演讲控制得简短些，因为我还要忙很多事情。今天上午我去了五角大楼和白宫，在那里参加了好几个会议；下午我还有地下核试验，地点在内华达的弗伦奇沼泽地带；晚上还要去加利福尼亚州的范登堡基地参加一个宴会，并在宴会上发表演讲。

"今天的要点是，原子核是通过两种不同的力才能达到平衡：一种是核引力，这种力希望能使原子核保持为一个整体，另一种是存在于质子间的库仑力。在重原子核中，如铀和钚中，库仑力处于优势地位，所以，一旦受到有非常微小的刺激，比如中子击中原子核，原子核就很容易一分为二。"

他转向黑板继续他的演讲："在这里，你们能看到有一个中子正好击中了一个可裂变的原子核。这时出现了两块裂变碎片，每一块所带的能量大约都有100万电子伏，它们朝着不同方向飞了出去；与此同时，还有几个裂变中子也随之射了出来——铀的质量较轻的同位素可能会分裂两个，钚可能会分裂三个。这样，正如我在黑板上画的那样，裂变反应就毫无阻碍地继续进行下去了。如果发生裂变的那个物质很小，那么，大部分裂变中子会从物质的表面穿过并飞出去，就没有可能撞击其他可裂变的原子核，因此**链式反应**也永远都不会发生。但是，如果那块物质比临界质量的尺寸还要大，换句话说它的直径在10厘米左右，那么大部分裂变中子都不能从这块物质里出去。这时，这块东西就会爆炸。这就是裂变炸弹，也总被人们称为原子弹，这种叫法是不

> 链式反应亦称"连锁反应"。在反应进行得极其缓慢的某些反应物中，引入或设法使之产生少量活性中心（一般为自由基，如氢原子、氯原子等），能很快地进行的反应。

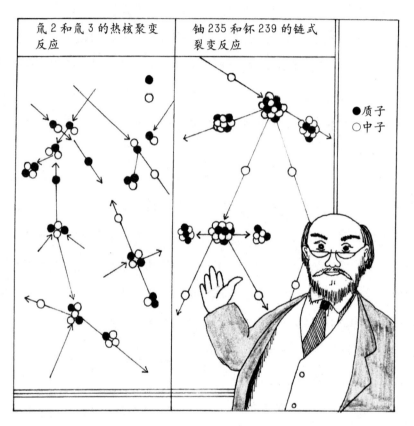

虽然裂变和聚变这两个词看起来意思相近，但它们发生的过程完全不一样

对的。

"但是，在周期表的开头部分，核引力比库仑力更强，如果用这里的元素进行实验，就会有比裂变好的更多的结果出现。当两个轻原子核接触时，它们会融合汇聚在一起，就像是盘子里的两滴水银一样。这种情况只在非常热的时候发生，否则，库仑力就不会让离得很近的轻原子核接触。但是，当达到几千万摄氏度的高温时，库仑力已经不能成为轻原子核互相接触的阻碍了。这样，聚变过程就开始了。

"氘核是最适合聚变反应的原子核，也就是重氢的原子核。在黑板的左边，画的就是氘的热核反应的示意图。最初的时候，我们本来以为氢弹对世界来说应该是有利的，因为它不会有那种在大气中扩散的放射性裂变产物产生出来。但是，我们却不能够制造出这样的'干净的'氢弹，因为尽管氘是最好的能够从海洋中提取出来的核燃料，但它还不能自燃。这样一来，我们就必须把氘包裹在很重的铀壳中。这种铀壳会有大量的裂变碎片产生，因此，有人叫这种氢弹为'肮脏的'氢弹。当我们在设计可以让人来控制的热核反应堆时，也遇到了相似的困难。因此，虽然人们一直在努力，但直到现在都没办法研究出这种'干净的'反应堆。不过，我相信我们迟早能解决这个问题。"

"泰勒金博士，"听众中有人提了一个问题，"这些由原子弹试验产生出来的裂变产物，会不会使世界上的所有居民都出现有害的变异？"

"不是全部的变异都是有害的，"泰勒金博士回答道，"这些变异中的一部分会让我们的后代在未来得到改进。假如说一个生命体从未有过任何变异，那么现在的你和我仍然只是最初的那种变形虫。难道你不清楚，生命完全是依靠自然变异和适者生存才得以进化的吗？"

"你这样说，"听众中有一个妇女情绪异常激动地喊道，"我们所有人都得生十几个孩子，然后把最好的孩子选出来留下，再把其他孩子都杀死？"

"关于这个问题，夫人……"泰勒金博士刚准备回答时，演讲厅的门被推开了，有一个穿着飞行员服装的人走了进来。

"先生，请你快一点儿！"他喊道，"直升机已经在门口等你了。如果我们还不马上离开，你就不能赶上飞机场的喷气式客机了！"

"对不起，我的听众朋友们，"泰勒金博士说，"我现在需要离开了。Isten veük！"说着，他和那个人一起急忙地从演讲厅走了出去。

匈牙利语，意思是"上帝和我们同在"，有"再见"的含义。

13

和老木雕匠的偶遇

13

汤普金斯先生接受了这个建议，他一只手拿起一个质子，另一只手又拿起一个中子，然后异常小心地把它们放在一起。他很快就感觉到一种强大的拉力。当他对这两个粒子进行仔细观察时，他看到了一种非常奇怪的现象。这两个粒子的颜色一直在不停地交替着，一会儿是红色，一会儿是白色，就好像红色颜料在他的左右手上"跳来跳去"似的。

>>> 原子粉碎机

这里有一扇门，看起来又大又重，在门的中心有一个非常明显的标志：危险——高压！这扇门给人一种并不好客的感觉，但是在门口的地毯上写着"欢迎"两个大字，这多少把刚才那种感觉冲淡了些。汤普金斯先生犹豫了一会儿，还是伸出手去按了门铃。一个年轻的助手打开了门，邀请汤普金斯先生进到房间里来。他发现这个房间非常大，还被一个看起来既复杂又奇怪的机器占据了大半部分。

"你看到的这个机器是我们这里最大的回旋加速器，报纸上常常称它为'原子粉碎机'。"年轻的助手一边说，一边用手抚摩着一块非常庞大的电磁铁的线圈，这个线圈是这台让人印象深刻的现代物理学机器的主要部件。

"它能够产生能量达到一千万电子伏的粒子，"他对此感到很自豪，补充道，"如果有一个带有这么多能量运动的粒子炮弹袭击原子核，没有几个原子核能够抵挡得住！"

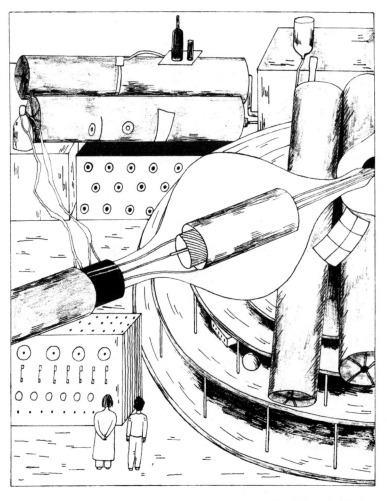

"你看到的这个机器是我们这里最大的回旋加速器，报纸上常常称它为'原子粉碎机'。"

"那么，"汤普金斯先生问道，"想必那是些非常硬的原子核了！想想看人们只是为了把极其小的原子的微小的原子核进行分裂，居然需要建造一个这样巨大的东西。不提别的了，这台机器究竟是如何进行工作的呢？"

"你去看过马戏表演吗？"他的岳父——教授从巨大的回旋加速器的后面走出来，问道。

"呃——呃——肯定是去过了，"汤普金斯先生说，教授突然问的这个问题让他显得有些困惑，"你是想说，咱们今天晚上去看马戏表演吗？"

"当然不是这个意思，"教授笑着说，"不过，要是你到过马戏表演场，你就能更容易地了解回旋加速器的工作原理。如果你穿过这块磁铁的两极看去，就会发现一个圆形的铜匣，这个铜匣就是用来对实验中轰击原子核需要用的所有带电粒子进行加速的，和马戏团的圆形跑道的作用一样。在这个铜匣的中间部位，有一个粒子源，它能够射出带电粒子或者离子。它们从粒子源射出的速度非常小，但它们运行的轨道会被强磁场弯成一个小圆圈，这个小圆圈是以粒子源为中心的。然后，它们的速度随着我们的鞭打变得越来越快。"

"我知道如何鞭打一匹马，"汤普金斯先生说，"可是，我实在不能想象你如何鞭打这些这么小的粒子。"

"其实，这件事非常简单。因为粒子的运动轨迹是绕圆圈进行的，那么我们只需要对它们按顺序施加一连串的电冲击就可以了。我们可以在轨道上设立特定地点，每次它经过这个点时，就对它进行一次冲击，就像在马戏表演场上，驯马人站在圆形跑道上，每次马经过他身边时，他都会鞭打一次。"

"可是，马是看得到的，"汤普金斯先生并不觉得教授的话有多么正确，"但是你看不到铜匣中转动的粒子啊，那么你如何保证能够在合适的时间鞭打到它呢？"

"我确实不能看到它，"教授对他的看法表示同意，"但是，我们也并不是必须要看到它。这种回旋加速器装置最精妙的一点就在于：虽然这种粒子的速度是不断加快的，但是，它转完一圈所用的时间永远都是不变的。你看，有一点是最重要的：这个圆圈的半径会随粒子的速度增大而增长，那么这个轨道的长度也就相应地增大了。这样的话，粒子的运动轨迹其实像一条慢慢向外扩展的**螺线**，并

> 螺线是围绕一个中心点或轴旋转，同时又逐渐远离动点的轨迹。

且到达跑道的同一侧的时间是固定的。所以，我们只不过需要安排一个能够定时发出冲击的电装置，这个通过电震荡系统就能做到。而这种电震荡系统很像广播电台里的那种系统。这里并不会产生很强的电冲击，但是，不断冲击后积累起来的总效果则可以极大地提高粒子的速度。这就是这种仪器所具有的优点：虽然这个系统内并没有很高的电压，但它能够产生相当于上千万伏电压的效果。"

"这实在是太巧妙了，"汤普金斯先生表示完全理解了，"是谁最先想到了这种仪器的？"

"这是多年前劳伦斯在加利福尼亚大学制成的，很遗憾，他已经去世了。在制作完成后，人们对回旋加速器进行了改进，它变得越来越大，并且以非常非常快的速度得到了传播，被许多物理实验室应用。在使用方面，它们确实比那些陈旧的、装有级联变压器的装置或者静电式的机器要方便许多。"

"不过，如果没有这些复杂的装置，人们就确实无法敲破原子核了？"汤普金斯先生问道，他坚信事物越简单越好，因此，他不能完全信赖那些比锤子更复杂的东西。

"当然还是有其他办法的。实际上，在卢瑟福进行第一个采用人工方法使元素发生嬗变的实验时，他只是利用了来自放射性物质的普通α粒子。但这件事已经过去好几十年了，从那时起，正如你现在所看到的，击碎原子的技术已经又向前迈进了一大步。"

>>> 一个真正被击碎的原子

"能不能给我看一个真正被击碎的原子？"汤普金斯先生又问道，他总觉得听到的并不是真实的，想亲眼看一看发生的过程。

"当然可以，"教授说，"我们刚好要通过一个实验来研究硼在质子飞快的撞击下发生衰变的情况。一个质子撞击了一个硼原子时，只要质子的能量达到足以突破原子核的势垒，原子核就会分裂成三块完全一样的碎片，然后朝着不同的方向飞出去。我们可以通过云室观察这个过程，因为它可以让我们看清楚每条和碰撞有关的粒子的轨道。我们现在已经把一块内含硼的云室安置在离加速出口很近的地方，一旦开启回旋加速器，你就能够亲眼看到原子核是如何被击碎的。"

"麻烦你接通电流，"教授转过头对他的助手说，"我来调整磁场。"

由于需要很长的一段时间才能使回旋加速器运转起来，于是汤普金斯先生一个人漫无目的地在实验室里溜达。这时，一个非常大的、看起来很复杂的还发着暗红色的光的放大器，把他的注意力吸引了过去。回旋加速器中用来加速的电压尽管并不能达到把原子核击碎的程度，但能很容易地击倒一头公牛，由于汤普金斯先生并不知道这一点，因此他毫无防备地把身子探了过去，想要看得更清楚些。

这时一阵刺耳的爆裂声突然响了起来，汤普金斯先生感到他的全身上下都被一个凶猛的冲击所击中，像是被驯狮人的电鞭突然抽了一鞭。紧接着，他周围所有的东西都变得漆黑，他也渐渐昏了过去。

当他重新睁开双眼后，发现自己躺在地板上，正好是他刚刚被击倒的地方。他所在的房间看上去没什么变化，但是，房间里的所有东西都发生了很大的变化。在房间里耸立的回旋加速器的大磁铁，闪着光的铜导线，还有机器上各个部位的数十个电配件都失去了踪影。而汤普金斯先生只能在之前放着东西的地方看到一个长条形的木质工作台，上面陈列着木匠用的简单的工具。在墙边靠着一个老式的橱柜，橱柜里有很多种样子看起来很奇怪的木雕。在工作台边，有一个看起来十分面善的老头在那里干活，汤普金斯先生认真地观察了他的样子，觉得这个老头和迪士尼的一部动画片《木偶奇遇记》里的盖比特老人长得很像，但是也很像他曾经在教授的墙上看到的已经去世的卢瑟福的照片。

>>> 制造原子核

"请原谅我打扰到您了，"汤普金斯先生从地板上爬了起来，对这个老头说，"我本来是想参观一个原子核实验室，但是，现在看来，我应该是遇到了一些古怪的事情。"

"哦，这么说来，你是对原子核很感兴趣了，"老头一边说，一边拿开了他正在雕刻的木头，"那么，你真的来对地方了。这里是我的小作坊，我刚好在制造原子核，你可以随意地参观一下这里。"

"你在制造原子核？"汤普金斯先生对此感到非常吃惊。

"没错。当然了，也需要你掌握一定的技巧，尤其是在制造放射性原子核时，因为很有可能在你给这些原子核涂上颜色之前，它们就已经分裂了。"

这里说的混合颜色是指色光的混合，而不是让颜料本身互相混合。如果把红色颜料和绿色颜料混合在一起，那么就只能得到一种浑浊的颜色。但如果我们在一个陀螺上，一半部分涂红色，一半部分涂绿色，当它旋转起来时，就会发现这个陀螺呈现出白色。

"给原子核涂颜色？"

"是的，带正电的粒子涂红色，带负电的粒子涂绿色。你大概已经了解，红色和绿色是补色。**如果它们被混在一起，颜色就会彼此抵消。**由于正、负电荷结合在一起时也会相互抵消，在粒子上涂红色或绿色刚好和它相对应。如果原子核中快速运动的正、负电荷是数量相等的，那么它所带的电是中性的，所以它应该是白色的。如果正电荷多一些，或者负电荷多一些，整个原子核就会带一点儿红色或者绿色，这个道理是不是很简单？"

"你看，"在工作台边有两个大木盒，老头指着它们让汤普金斯先生看，继续说道，"我就是在这里保存原料，然后把这些原料拿出来制造各种原子核。红球也就是质子被放在第一个盒子里，它们会一直处于稳定状态，永远是红色的，除非你用刀子之类的东西刮掉它们的颜色。真正让我担心的是放在第二个盒子中的中子，正常情况下它们是白色的，不带电的，但是只要有可以变化的机会，它们就会变成红色。如果这个盒子的盖子盖得非常紧，那么一切都是正常的；但是，如果你打开盒子，从里面拿一个中子出来，你就可以观察一下会有什么样的事情发生。"

"你真的来对地方了。"

　　老木雕匠从盒子里拿出了一个白球，把它放在工作台上。在很短的时间内，好像也没发生什么事情，但是，正当汤普金斯先生马上就要丧失等待的耐心时，那个白球好像突然苏醒了。在它的表面，有一些奇形怪状的红、绿条纹显现了出来，在一小段时间里，那个球有点儿像深受孩子喜欢的那种五颜六色的玻璃弹珠。然后，绿色慢慢地都聚集到了球的一端，最后从那个球里分裂出来，变成了一个很鲜艳的绿点后，掉落在了地板上。现在，工作台上那个球已经完全变成了红色，看起来和第一个盒子里的红色质子一模一样。

　　"你刚刚已经观察到究竟有什么事情发生了，"老木雕匠一边说着，一边弯腰捡起那个绿色的又硬又圆的颜料，"中子的白色分解出两种颜色——红色和绿色。这样，整个球就分裂成带正电的质子和带负电的电子这两个粒子。"

　　"对了，"他看了一下汤普金斯先生脸上惊讶的神情，然后补充道，"这个绿色的粒子并不是我们不认识的什么东西，它只是个普通的电子，它和原子中任意一个电子是一模一样的。"

　　"哇！"汤普金斯先生惊叹道，"刚才发生的现象，比我曾经看过的所有变彩色手帕的魔术都要高明。可是，你还有办法把这个颜色变回来吗？"

　　"当然有，我可以把这个绿球和红球结合，让它再次变白，不过这肯定是需要一些能量才能做到。还可以用其他办法，比如刮掉红球的颜料，这也会有一些能量被使用掉。这样，掉下来的红色会形成一滴红颜料，也就是一个正电子，你之前应该已经听过这种粒子了吧。"

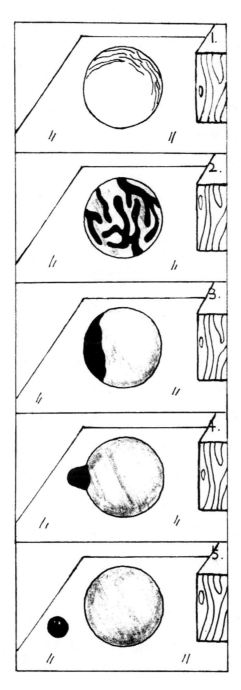

那个白球好像突然苏醒了

"是的，我原来也当过电子，那时……"汤普金斯先生开始是这样说的，不过，他很快话锋一转，"我的意思是，我听说过，正电子遇到负电子时，它们就会因为相互湮没而消失。你能再给我变一个这种魔术吗？"

"哦，这很简单，"老头说，"不过，我可不想费那么大的力气去从这个质子上面刮颜料，因为通过我今天上午的工作，这里刚好有两个正电子是多余的呢。"

他从一个抽屉里掏出一个很小的、鲜艳的小红球，用大拇指和食指紧紧地捏住它，然后把它和小绿球一起放在台子上。随着一种像放鞭炮那样的尖锐响声，那两个小球一瞬间全都消失了。

"你都看清楚了吗？"老木雕匠一边吹着那几个有点儿烧伤的手指头，一边说，"这就是我为什么没有用电子来制造原子核。我曾经尝试过用电子，但彻底失败了，所以我用质子和中子制造原子核。"

"可是，和电子一样，中子也是不稳定的啊，难道不是吗？"汤普金斯先生问老头，他还记得这个老头之前的那个表演。

"只有中子一种粒子存在时，它们确实处于不稳定的状态。但是，当它们被紧密地塞进原子核内部，并被其他粒子包围时，它们就会很稳定了。不过，如果原子核内有太多的质子和中子时，它们就会自动相互转化，这时候多余的粒子会变成正电子或者负电子，从原子核内发射出来。我们把它们这种调整方式称为 β 衰变。"

"制造原子核时需要胶水吗？"汤普金斯先生对这个问题充满了兴趣。

"完全不需要，"老头回答说，"你看，只要我让这些粒子在一起互相接触，它们就会彼此粘住。如果你愿意的话，你可以亲自动手试一试。"

汤普金斯先生接受了这个建议，他一只手拿起一个质子，另一只手又拿起一个中子，然后异常小心地把它们放在一起。他很快就感觉到一种强大的拉力。当他对这两个粒子进行仔细观察时，他看到了一种非常奇怪的现象。这两个粒子的颜色一直在不停地交替着，一会儿是红色，一会儿是白色，就好像红色颜料在他的左右手上"跳来跳去"似的。颜色的变换非常迅速，让人似乎觉得这两个球是共同绑在了一条粉红色的带子上，颜料的色彩就是在这条带子上来回运动。

"我那些搞理论的朋友把这种现象叫作交换现象，"老木雕匠说，他看见汤普金斯先生惊讶的表情很是开心，"当两个球被你以这样的方式放在一起时，它们就都想变成红色，换句话说，它们都想把那个电荷据为己有。但是，如果它们不能够同时占有这个电荷，它们就交替着把它来回拉动，谁都不想放弃，结果，这两个球就粘在了一起，除非你用力把它们分开。现在，我可以给你展示一下，我能够非常容易地制造出你想要的原子核。那么你想要什么样的原子核呢？"

"金子。"汤普金斯先生说，他记起了那个中世纪炼金术士的目标。

"金子吗？那让我们来试试吧，"老木雕匠扭头看向了旁边的墙，墙上有一种很大的图表，他小声地念道，"金的原子核的重量为197，并且带了79个正电荷，也就是说，必须有79个质子，加上118个中子，它们的和才是正确的质量。"

他数了79个质子，又数了118个中子，然后把它们都装进了一个长条形的圆筒里，用一个很重的木塞塞住圆筒口。然后，他使出全身的力气，用力把木塞压到尽头。

"我必须这么做，"他对汤普金斯先生解释道，"因为带正电的质子之间有很强的电斥力。一旦木塞的压力把这种斥力克服了，质子和中子之间相互交换的力会把它们粘在一起，我们就能够得到想要的原子核了。"

汤普金斯先生拿起一个质子和一个中子

　　他用尽所有的力气，把木塞压进了他能达到的最深的地方，然后又把木塞从里面拔了出来，并且快速地把圆筒倒立过来。于是，从圆筒里滚出来一个粉红色的闪着亮光的圆球，汤普金斯先生认真观察后发现，由于那个粒子在快速运动时会交替发出红色和白色的光，才会让人觉得这个粒子是粉红色的。

　　"真是太美丽了！"他惊叹道，"那么，这一定是金原子了。"

　　"这个粒子并不是原子，它仅仅是一个原子核，"老木雕匠纠正他说，"想要最后制造出原子，还需要在原子核外加上适量的电子，让它们把原子核中的正电荷中和掉。换句话说，需要在原子核外制造一个能把它包住的一般意义上的电子外壳。不过，想要做成这样，也很简单，只要在原子核外放上一些电子，原子核会自动抓住它们的。"

"真有意思，"汤普金斯先生说，"我岳父从来没有告诉过我，想要制造出金子竟然如此简单。"

>>> 核嬗变

"你岳父还有那些原子核物理学家们，只会做表面功夫，实际上什么都没有做！"老头愤慨地说道，他的话里带着一种愤怒的语气，"他们认为，他们没有办法把那些分开的质子重新组合成原子核的原因是，根本找不到足够大的压力来进行这项工作。这些原子物理学家中，甚至有人认为，需要用整个月球的质量当作压力，才能把质子重新粘在一起。好了，既然他们觉得只要克服了这个困难就能成功，为什么不把月亮从天上摘下来呢？"

"可是，他们还是有一些成果的，他们实现了某些核嬗变。"汤普金斯先生温柔地争辩道。

"没错，正是如此。不过，他们太笨了，而且只是在有限的范围内实现了。他们只得到了少量的新元素，连他们自己想看到这些元素都非常困难。我来给你展示一下他们是怎样做的。"说着，他用力把一个质子朝着台子上的金原子核扔过去。当质子快要接近原子核的表面时，它的速度降下来一些，犹豫了一小会儿，它还是击中了原子核。那个原子核把质子收到自己的内部后，像发高烧一样抖了几下，然后随着"咔嚓"一声，有一小部分从中分裂了出来。

"你看，"老木雕匠捡起了这块碎片说，"这种东西被他们称为 α 粒子，如果你认真地观察一下，你就会发现在这个粒子里有两个质子和两个中子。一般来说，只有所谓的放射性元素的重原子核才能发射出这种粒子，不过，如果你有足够大的力气去敲打普通稳定的原子核，你也能从中敲出这种粒子。

"有一件事我需要提醒你注意一下：现在还在台子上的那个东西由于失去了一个正电荷，它已经不再是金原子核了，而是元素周期表上金元素前面的铂的原子核。不过，也有一种情况就是，当质子进入原子核内部后，并没有让原子核分裂，这样的话，就能得到元素周期表上金元素后面的汞的原子核。如果我们把这些过程和类似的过程相结合，事实上，我们可以把任意一种元素变成另一种元素。"

"哦，现在我知道了那些物理学家用回旋加速器生产高能质子束的原因了，"汤普金斯先生说，他现在终于清楚了，"但是，为什么你觉得这种方法不是好方法呢？"

"因为这样做的效率太低了。首先，我只需要准确地打出一发炮弹就可以击中，但他们并不能像我这样，他们可能要射出上千发炮弹，才能有一次机会击中原子核。其次，即使第一次就打中了原子核，炮弹也不一定会进入原子核内部，而是从外部弹回去。你刚才可能也发现了，当我在向金原子核扔质子时，它在进入原子核之前有片刻的犹豫，我当时觉得，它可能会被原子核弹回来。"

"到底是什么东西让炮弹进入原子核时出现了障碍呢？"汤普金斯先生饶有兴趣地问道。

"这一点你应该能自己猜出来，"老木雕匠说，"因为原子核和来轰击它的质子带的都是正电荷。这些电荷之间有库仑力，形成了一道很难通过的堡垒。如果有质子穿过建有这种堡垒的原子核，是因为它们利用了和特洛伊木马计相似的方法：它们把自己当作波而不是粒子，通过了核壁。"

"行吧，这下你让我觉得很难懂了，"汤普金斯先生愁眉不展地说，"我还是不清楚你刚才说的话到底是什么意思。"

"我也担心你理解不了，"老木雕匠笑了起来，"跟你说实话吧，我其实只是个工人。我可以亲自做出这些东西，但是我并不善于给你讲这种理论的东西。不过，有一点很重要：由于任何一个原子核的制作材料都是量子材料，所以它们总是能够穿过一些理论上我们觉得不能穿过去的障碍物，说得更贴切一点儿，它们能从障碍物里钻过去。"

>>> 斥力势垒模型

"啊，现在我能够理解你说的话了！"汤普金斯先生喊道，"我记得，在我和慕德相识后的一天，我去了一个奇怪的台球厅，那里的台球和你刚才的说法很像。"

"台球？你是说你见过真正的象牙台球？"老木雕匠热切地重复道。

"是的，据我所知，这些量子台球是由量子大象的长牙为材料制作而成的。"汤普金斯先生回答。

"好啊，这就是人生啊，"老木雕匠难过地说，"他们用这样宝贵的材料制作台球，只是为了玩乐，真是太浪费了。我只能在这里雕刻整个宇宙最基本的粒子——质子和中子时用普通的量子橡木。"

"不过，"他努力地把自己的悲伤遮掩住，继续说道，"和那些贵重的象牙制品相比，我这些可怜的木雕也毫不逊色。现在我要给你展示一下，它们在通过任何一座堡垒时，是多么的通畅、干脆利落。"说着，他站在长板凳上，够到了顶层的架子，从上面拿下了一个雕刻得有点儿古怪的木制品。汤普金斯先生初见这个木制品时，以为它是一

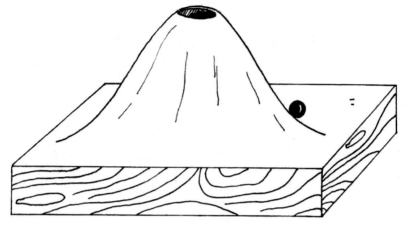

汤普金斯先生初见时以为它是一座火山模型

座火山模型。

"你现在看到的，"他用手轻轻擦去模型上的灰尘，说着，"是在所有原子核外面存在的斥力势垒模型。你可以把这个火山的斜坡想象成电荷之间的静电排斥作用，把长得像火山口的那个洞想象成把原子核里的粒子粘在一起的内聚力。现在如果我让球沿着斜坡向上滚，但是我使出的力量又不够让它从坡顶越过去，你当然会觉得它会滚回来。但是，你还是先看看现实中会发生什么吧……"他给了那个球一个力，让它向上滚。

"不过，并没有什么不寻常的事情发生啊，"汤普金斯先生说，此刻那个球大概到达了斜坡的一半时又滚了回来。

"稍微等一下，"老木雕匠淡定地说，"你可不要以为第一次试验就能成功啊。"于是，他又一次给了那个球一个力，让它爬坡。这一次又失败了。但是，等到第三次试验，那个球刚刚爬上斜坡将近一半的地方时，就突然没了踪影。

"好，现在你猜猜看这个球最后去哪儿了？"老木雕匠的脸上显现出魔术师那样自信的表情。

"你是说它现在已经在洞里了？"汤普金斯先生表示非常怀疑。

"是的，它的确就在那里。"老头一边说着，一边用手从洞里把球夹出来。

"现在让我们反过来试试，"他提议道，"看看如果不从峰顶爬出来，球能不能从洞里跑出来。"他一边说，又一边把球放回了洞里。

在很长一段时间里，没有任何事情发生。汤普金斯先生只能听到球在洞里面来回滚动发出的细微的轰隆声。然后，就像看到了奇迹一样，那个球突然在火山的斜坡中部出现，然后又平稳地回到了工作台。

"刚刚发生的那一切都真实地重现了放射性物质 α 衰变时会出现的情景。"老木雕匠一边说着，一边把模型放回了原处，"只是在第二种情况中你看到的并不是普通橡木制成的斜坡，而是库仑力的势垒。这两者在原理上并没有什么区别。有一种情况是，这种电势垒是透明的，粒子可能一秒钟都不用就会从里面逃出来；可是还有一种情况是，这种电势垒是不透明的，一般需要几十亿年的时间才会发生这种现象，比如在处于铀原子核内部时，就会出现这种情况。"

"但是，为什么不是所有的原子核都有放射性呢？"汤普金斯先生问。

"因为这种现象只能发生在非常重的原子核中，它们洞穴的底部是高于外面的水平面的，但是对于大部分原子核来说，它们的洞穴底部都比外面的水平面低。"

很难确切地判断，汤普金斯先生和老木雕匠在作坊里聊了多久，因为老木雕匠总是希望给每一个来到这里的人传授他所知道的那些知识。汤普金斯先生在房间里发现有一个空盒子最奇怪，它被封得很紧密，里面没有任何东西，却在外面的标签上写着：中微子，轻拿轻放，不要逸出。

"这里面没有东西吧？"汤普金斯先生一边问着，一边把盒子放在耳边摇了摇。

"这个我也不清楚，"老木雕匠说，"有人说里面有东西，有人说没有。但是，无论你采取什么样的办法，都不能看到里面的任何东西。这个魔盒是研究理论的朋友送我的，我根本不知道如何处理它。看来，只能让它孤独地在那儿待上一段时间了。"

汤普金斯先生在接下来的参观过程中还看到了一把陈旧的小提琴，上面落满了灰尘，它古老的样子让人猜想可能是斯特拉地瓦利（一位有精湛技艺的提琴制作家）的爷爷制造的。

"你会拉小提琴吗？"他问老木雕匠。

"我只会 γ 射线的曲子，"老木雕匠回答道，"这把小提琴是量子小提琴，除了 γ 射线不能拉出别的曲调。我原来还有一把可以拉出光学曲子的量子大提琴，但是自从被人借走后，就没有还回来。"

"你可以给我拉一首 γ 射线的曲子吗？"汤普金斯先生请求着说，"我原来从没有听过。"

"我来拉一首《升 C 调 Th 原子核奏鸣曲》吧，"老木雕匠一边说着，一边把小提琴拿起来，架在了肩上，"不过，由于这是一首很伤感的曲子，所以你在听之前要做好心理准备。"

老木雕匠拉起了小提琴

　　这的确是一首非常奇怪的曲子，完全不同于汤普金斯先生曾经听过的那些曲子。曲子的音调非常低沉，就好像一浪又一浪的海水拍过沙滩，还会有一种刺耳的就像子弹从耳边飞过的尖啸声。汤普金斯先生的确不懂这首曲子在表达什么，但对他来说，这首曲子有一种难以想象的魔力，他伸展了自己的身体，在一张古老的沙发里舒适地坐了下来，然后合上了双眼……

14

空无一物的空穴

14

狄拉克最后做出了结论，在空无一物的空间里，电子是以均匀的、无穷大的密度紧密地分布着的。那么，如果是这样的话，为什么我们完全不能感觉到它们，还把真空当作绝对空无一物的空间呢？这是为什么呢？

女士们、先生们：

今天晚上我们要讨论的问题非常难理解，同时又很吸引人，因此我希望大家都能认真听。今天我要和大家解释的新粒子也就是所谓的"正电子"，它具有一些和别的粒子不一样的性质。我想先指出一个很有启发性的事实，那就是：这种新粒子的存在是人们在纯粹的理论思考的基础上先预言出来的，而这比真正探测到它早了好几年。而且，人们还通过理论的思考，预见了一些它的主要特性，这也十分有利于人们在实验中发现它。

>>> 空无一物的空间中的空穴

这些理论预言是由英国物理学家狄拉克提出的，这个人我们在前面曾经提到过。他在经过一些非常古怪、非常奇妙的思考后做出了这个结论。因此，在相当长的一段时间里，大多数物理学家对他的思考保持一种怀疑态度。用一句话概括狄拉克理论的基本观点，那就是：

在空无一物的空间中应该有一些空穴存在。

我看到你们惊讶的表情了，而实际上，当狄拉克把这句耐人寻味的话说出来时，所有的物理学家也都对此表示惊讶。在空无一物的空间中怎么能够有空穴呢？这句话难道是有意义的？如果我们能够发现，所谓空无一物的空间和我们想象的空虚并不是一样的，那么我们就会得到这两个问题的肯定回答。

实际上，狄拉克理论的要点在于他提出了一个假设：空无一物的空间也就是所谓的真空，有无数个普通的负电子非常稠密地分布在这里，并且这些负电子非常均匀、非常有规矩地紧紧地挨在一起。

不用说，这种古老的假设并不会莫名其妙地在狄拉克的脑海里出现，他是思考了一连串有关普通负电子的理论后，才做出了这种假设。实际上，根据负电子的理论，我们一定会得出一个结论：电子不只在原子中有运动的量子态，还应该有无数个属于纯真空的特别的"负量子态"。

因此，如果我们不能阻止电子转变成这种"比较轻松"的运动状态，它们就会离开原子，进入空无一物的空间中。不仅如此，为了阻止电子转移到它想去的某个地方，只能让其他一些电子把这个特别的位置"占据"（你们可以回忆一下泡利原理）。由于这是解决这个问题的唯一办法，我们就必须假设，真空中的一切量子态都已经被无数个电子完全填满了，这些电子是均匀分布在整个空间中的。

我怕你们觉得我说的话听着像某种科学魔咒，让你们完全摸不着头脑。但是这个问题确实是难以理解的，所以我希望你们能够聚精会神地继续听下去，那么你们就会在最后的时候稍微理解一些关于狄拉克理论的实质。

好吧，无论怎样，狄拉克最后做出了结论：在空无一物的空间里，电子是以均匀的、无穷大的密度紧密地分布着的。那么，如果是这样的话，为什么我们完全不能感觉到它们，还把真空当作绝对空无一物的空间呢？这是为什么呢？

如果你把自己想象成一条深水鱼浸没在海中，你大概就知道这个问题的答案了。即使这条鱼学识渊博，甚至都能提出上面的问题，然而，它能意识到它的周围都是水吗？

>>> 来自海洋深处的对话

这几句话把昏昏欲睡的汤普金斯先生唤醒了——他在演讲开始的时候，就已经这样了。现在他感觉自己已经变成了一个渔夫，感受到从海上吹来的清凉的微风，看到了轻轻荡漾的碧波。虽然他很会游泳，却无法浮到水面上，而是不断地向下沉。他并没有觉得缺氧，反而还觉得很舒服，这让他感到很奇怪。"也许，"他想，"这是由于特殊的隐性变异而产生的效果吧。"

古生物学家们认为，海洋是生命起始的地方，肺鱼是第一个从海水移栖到陆地上的鱼类，它靠鳍在海滩上爬行。后来，这种肺鱼逐渐进化成了老鼠、猫、人等陆居动物。但是其中有一些海洋动物，比如鲸和海豚，在学会如何在陆地上毫无障碍地生活后，又回到了海洋里。它们虽然回到了水里，但依旧是哺乳动物，并把那些在陆地上竞争时所需要的优点保留了下来。雌鲸和雌海豚孕育生命并不只是把鱼子甩出来，它们是由雄性受精，然后在体内怀胎。不是有一位著名匈牙利科学家说过，海豚的智商比人类还要高吗？

此时，一段来自海洋深处的对话打断了汤普金斯先生的思路，正在说话的是一条海豚和一个人。汤普金斯先生发现那个人正是物理学家狄拉克，因为他之前在某处见过他的照片。

"狄拉克，你听好，"是那条海豚的声音，"你总是说，我们并没有在真空中生活，而是处在物质介质中，这种物质介质是由带有负质量的粒子构成的。但对我来说，水和空无一物的空间并不存在任何差别：水是非常均匀的，我可以穿过水向四面八方自由自在地运动。不过，我从我的老祖宗那里听说，在陆地上，这一切是完全不同的。陆地上有很多高山和峡谷，如果你想翻越它们，你需要花费很大的力气。但是在水里，我可以想去哪个方向就去哪个方向。"

狄拉克在和海豚谈话

"就海水的情况来说，你是对的，我的朋友，"狄拉克回答说，"你的身体和海水之间有一种摩擦力，如果你想运动就必须摆动尾巴和鳍。同样地，由于水的压力在深度变化时也会跟着变化，所以如果你想上浮或下沉就需要膨胀或收缩身体。但是，如果水中并不存在摩擦力和变化的压力，你就会像一个宇航员在火箭的燃料燃尽后那样变得无依无靠。由于我那个海洋是由带负质量的电子构成的，所以它是完全没有摩擦力的，就不能被观察到了。但是，如果这个海洋里缺少了一个电子，那么在这种情况下，就能被物理仪器观察到，因为失去一个负电荷就等于多出一个正电荷，连库仑都会观察到这种情况的。

"不过，把我的电子海洋比喻成普通的海洋时，我需要把两者之间存在的重要差异明确出来，才不会被这个比喻带到偏离观点的地方。问题的关键是，既然形成我的海洋的电子要遵循泡利原理，那么，当占满所有量子能级后，一个多余的电子就不得不停留在我的海洋的表面之上，这样我就能非常容易地通过实验辨别出它来。**汤姆孙**是最先发现电子的人。这种多余的电子既包括围绕原子核旋转的电子，也包括通过真空管飞行的电子。在1930年，我的第一篇论文发表前，我们之外的空间一直被认为是空无一物的，当时人们坚信，具有物理学上的现实性的是那些偶然在水平面上溢出的水花。"

> 汤姆孙（1856—1940），英国物理学家，除了发现电子外，他在热学和电学方面也有不少贡献。

"但是，"海豚坚持说，"既然你的海洋是不间断的且没有摩擦力，也就无法被观察到，那么你跟我谈论它的意义到底是什么？"

"好吧，"狄拉克说，"现在我们来假定，一个带有负质量的电子在一种外力的驱使下，从海底上升到海平面上。在这种情况下，就多了一个可以观察的电子，人们可能认为，这种情况是和能量守恒定律不相符的。不过，现在的海洋由于一个电子的缺失，而形成了一个可以观察的洞穴，因为我们在面对缺失了一定数量的负电荷的海洋时，应该把它当成出现了同等数量的正电荷的海洋。这种带正电荷的粒子肯定有正质量，因此，它也会受到重力的吸引，朝着电子的方向运动。"

"你的意思是，它会向上浮，而不是向下沉？"海豚感到十分惊奇。

"当然啦。我敢肯定你之前见过这样的现象，如果你把一个东西从船上扔下去，它们会受到重力的作用向下沉，直到海底，而且船也会这样。但是，你看看这儿！"狄拉克停顿了一下，"你看到那些微小的银色的东西了吗？它们正在向海面上升。它们也是在重力的作用下运动的，只不过是朝相反的方向。"

"可是，这些仅仅是气泡。"海豚反对说，"大概是有一些东西是含有空气的，它们沉到海底时碰到了岩石，就破裂了或者打翻了，这些气泡才从里面跑出来。"

"你说得没错。可是，如果我的海洋是真空的，就不会有向上漂浮的气泡出现了。从这件事可以看出来，我的海洋并不是空无一物的。"

"这个理论倒是非常巧妙，"海豚说，"不过，事实果真是这样的吗？"

"1930年，我提出了这个理论，那个时候，"狄拉克说，"任何人都不相信它。在很大程度上这是由于我自己的失误，因为最开始我的理论指出，这种带电粒子不是什么其他的粒子，而是当时的实验工作者都知道的质子。很显然你也清楚，质子的质量是电子的1840倍，但是我想通过采用某些数学方法，来说明在特定的力的作用下，产生的加速度会出现增大了很多的 **阻力的原因**，并且在理论上得

> 在这里可以把质子理解成阻碍加速的阻力。

出数字1840。但是，我的这个想法并没有成功，并且在计算后我发现，我的海洋中的气泡的质量和普通电子的质量是相等的。

"当时，我的同事泡利——多亏了他我才有这么多荣誉——正为了提出他的'泡利第二原理'的公式而忙得脚不沾地。他当时得出的结论是，如果我的海洋中有一个因失去电子而出现的空穴，同时有一个普通的电子正在靠近这个空穴，那么这个空穴就会在短到完全可以忽略的时间里被电子填满。根据这个理论，如果说质子是'空穴'，那么在氢原子中，围绕质子运动的电子就会马上把它填满，结果就是，这两个粒子一定会射出一道光——或者说是一束 γ 射线后消失。当然，这种情况也会在其他元素的原子上发生。也就是说，泡利的第二理论认为，任何物理学家提出的所有理论都应该可以直接在构成他的躯体的物质上直接应用。照他这样说的话，我应该还没来得及把我的想法告诉别人，就已经因为湮没而消失了。就是现在这样。"说完，狄拉克变成一道闪闪发亮的光消失了。

>>> 处于运动状态的空穴

"这位先生，"一个充满怒气的声音对汤普金斯先生说，"你完全有自由在听演讲时睡觉，我无权干涉。可是，你实在不应该打鼾。我现在完全听不清教授在说什么了。"

于是汤普金斯先生醒了过来，又看到了演讲厅里拥挤的人群以及教授还在讲台上继续讲着：

现在让我们观察一下，这里有一个处于运动状态的空穴，还有一个多出来的电子想在狄拉克海洋里找到一个能舒服地待着的地方，当它们两个相遇时，会有什么事情发生。很明显，出现的结果是，这个多出来的电子一定会填满这个空穴。于是，物理学家观察到了这个过程，由于对此现象感到吃惊，就把它记录了下来，并把它称为正、负电子的互相湮没。在这种毁灭中，能量会以短波辐射的形式释放出来，这就是两个电子如童话中的恶狼般互相吞噬后，留下的唯一的东西。

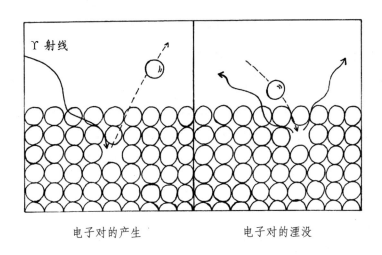

电子对的产生 电子对的湮没

但是，我们还可以想象另一个过程，它和这个过程是相反的，也就是在外界强烈的辐射作用下，会凭空产生出一对正、负电子。狄拉克理论认为，这个过程其实只是把一个电子从连续的海洋里拿出来，因此不应该说是"产生"正、负电子，而应该认为是从中分离出了两种相反的电荷。现在上图中展示了电子对的"产生"过程和电子对的"湮没"过程，这两个过程都是通过非常粗糙的方法表示的，你们可以从中发现，这里面并没有什么东西使问题更神秘。

我还要补充一点，虽然严格说来在绝对真空中有非常非常微小的概率能够产生电子对，可以说真空中电子的分布太平滑了，以至于我们很难把电子打出来。但是，当有一种重的物质粒子存在于真空中时，这种

粒子就会被当作 γ 射线在开辟电子海洋时的立足点，从而产生电子对的机会就会变大，因此这种过程就能更容易地被人们看见了。

但是显然，由上述的方法产生出的正电子存在的时间并不会很长，它很快就会遇到一个个负电子，然后湮没，因为在宇宙中，负电子在数量上是占据了极大优势的。这就是为什么人们比较晚地才发现这种有趣的正电子。事实上，1932年8月，美国物理学家安德森发表了第一篇关于他发现正电子的报道。他在研究宇宙射线的过程中，看到有一种粒子和普通的电子在各个方面都很像，它们之间只存在了一个很重要的差异，那就是这种粒子是带正电的，而不是带负电的。再后来，我们了解到有一种简便的方法可以使用，那就是在实验室中，把一束具有高能的高频辐射（也就是放射性物质产生的 γ 射线）对着任何一种物质照射，就会有电子对产生。

>>> 威尔逊云室

现在我给你们展示一下另一张图（见第235页），这是一张云室照片，这张照片上显示的是宇宙线中的正电子和产生电子对的过程。首先，我要在这里讲一下这些照片是怎么拍出来的。云室，也叫威尔逊云室，它是现代物理学中最有用的仪器之一。它的设计原理是：所有的带电粒子在通过气体进行运动时，都会在它运动的路径中产生很多离子。如果这个气体中富含水蒸气，那么就会导致离子的表面上凝结出小水滴，这样的话，就会形成一条沿着它运动路径的方向蔓延的稀薄的云带。只要把这条云带放置在黑暗的背景中，并用强烈的光束照亮它，就能看到一幅能够显示粒子运动时所有细节的图像。

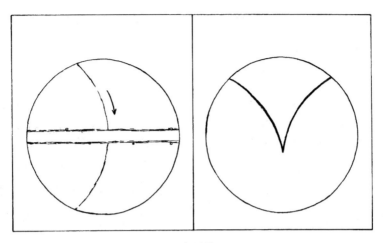

云室照片

现在大屏幕上展示了两张照片，第一张是由安德森拍摄的，是有史以来拍摄到的第一张宇宙线中的正电子的照片。照片中有一条很宽的横着的带子把照片分成了两半，那是一块厚铅板，它是被横放在云室中间的，穿过厚铅板的细曲线是那条正电子的轨道。正电子的轨道看起来是弯曲的，这是因为在做实验的过程中，云室被放在了一个强磁场中，这个强磁场是能影响粒子运动的。安德森在这里设置铅板和磁场的原因是想测定粒子带的是正电荷还是负电荷。这个实验具体的原理我将在下面解释。

众所周知，运动粒子所带的电荷的符号会影响轨道在磁场中发生偏转的方向。这种情况下，磁铁会让负电子向着前进方向的左边偏转，正电子则向着右边偏转。这样的话，如果照片中的粒子的运动方向是由下至上，那么它就带有负电荷。但是，我们怎么知道它的运动方向是朝下还是朝上呢？这个时候，铅板就会起作用了。粒子在从铅板穿过后，一定会损失一部分原有的能量。因此，磁场也会更多地影响它的弯曲程度。在我们面前的这张照片上，你们可以发现在铅板的下方，粒子运动的轨道弯曲得更厉害（其实这很难一眼就看出来，通过对底片进行测量才能得出这个结果），这样的话，这个粒子的运动方向是由上至下的，所以它带的是正电荷。

查德威克（1891—1974），英国物理学家。他发现了中子，因而获得 1935 年的诺贝尔物理学奖。

另一张照片是在描述云室空气中电子对的产生过程，是由剑桥大学查德威克拍摄的。在这里，云室中射进来一束很强的 γ 射线（我们在照片上并不能看到它的痕迹），于是一对电子在云室的中部产生出来，由于受到磁场中的力，它们会向相反的方向偏转，就发生了分离。当你们看这张照片时，你们会猜想为什么正电子在穿过气体的路径中没有出现湮没。狄拉克给出了有关这个问题的答案，要是你们之中有谁玩过高尔夫球，理解起来就很容易。如果你在草地上用了很大的力气打高尔夫球，那么，不管你瞄得有多准，它也不会落进洞里。实际上，一个速度非常快的球根本不会进那个洞，而是越过它继续往前方滚去。和这个现象一样，一个高速运动的电子在没有降低速度时，也不会掉进狄拉克的洞穴里。因此，只有正电子沿着轨道的方向前进的过程中，发生多次碰撞，它的速度才会变慢下来，才可能在轨道的末端湮没。实际上，在经过了许多次细微的观察后，人们已经证明了所有湮没发出的辐射都是在正电子轨道的末端出现的。这个事实进一步证明了狄拉克理论的正确性。

>>> 两个普遍问题

现在我们要讨论一下最后两个普遍问题。

第一个问题：我刚才一直说电子是狄拉克海洋中多出来的东西，而认为正电子是海洋中的空穴。但是，我们也可以反过来，从这种看法的另一面来看，把普通电子看成海洋中的空穴，而把正电子当作多余的粒子。为了这样做，我们只要假设狄拉克海洋不是充满粒子甚至要溢出来的，而刚好相反，它总觉得粒子是不够的。我们可以用一块有着很多洞的瑞士奶酪来比喻狄拉克海洋的分布。由于它全身各处都缺少粒子，这些洞将永远存在，并且，如果一个粒子离开这块奶酪后，还会很快又回到它的一个洞中。不过，我必须提醒的是，无论是用物理学的观点还是数学的观点看，这两种图像都是绝对等效的，也就是说，无论选择哪一种图像，其实都没有什么差别。

第二个问题：如果我们生活的这部分宇宙中的负电子数量明显更多，那么是否应该设想，在宇宙中的其他地方存在刚好相反的情况？换句话说，从狄拉克海洋中溢出来的在我们四周围绕的水花，是不是要通过另外一个地方缺少这种粒子来相互抵消呢？

这个极有意义的问题回答起来非常有难度。实际上，这种带负电的原子核和带正电的电子构成的原子光学性质和普通原子是完全一样的，我们就不能通过光谱分析来研究这个问题了。根据我们所掌握的情况看，仙女座星云的构成物质极有可能是这种颠倒型的，不过唯一的证明方法是：拿一块这样的物质和地面上的物质进行触碰，看看是否会发生湮没。当然，这会导致一个非常剧烈的爆炸！最近已经有人在讨论，有些陨石会在地球的大气中发生爆炸，它们就是由这种颠倒型的物质构成的，但我觉得这种说法没有多少价值。实际上，在宇宙的不同地方，对于狄拉克海洋是溢出来的还是不够的问题，我们可能永远都不能找到答案。

品尝日本料理时的启示

15

"这就是科学嘛，"教授回答道，"人类总想要了解他身边的一切事物，大到巨大的星系，小到微小的细菌，还有这些基本粒子。这种工作是有价值而且振奋人心的，这就是我们做这种工作的理由。"

>>> 粒子之间的相互作用力

又一个周末到了，因为慕德要去约克郡看望她的姨妈，于是汤普金斯先生早早地就邀请了教授，他们要一起去一家很有名的**寿喜烧**餐厅吃晚饭。他们坐在矮桌子旁边的软垫上，一边喝着杯子里的甜米酒，一边吃着美味的日本料理。

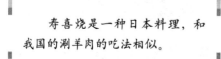

寿喜烧是一种日本料理，和我国的涮羊肉的吃法相似。

"请给我讲讲，"汤普金斯先生说，"那天在泰勒金博士的演讲中，他提到是某种力把原子核中的质子和中子维持在一起的，这种力也是把电子维持在原子中的力吗？"

"啊，不是这样的。"教授回答道，"核力是不同于其他力的一种东西。电子通过普通的库仑力而被留在了原子中，18世纪末，这种力最早是被法国物理学家库仑研究出来的。库仑力比较弱，它反比于距离的平方而减小。而核力就和库仑力完全不一样了。当一个质子和一个中子离得越来越近但还没有碰到时，它们之间其实并没有存在什么作用力。但只要它们互相接触，就会马上有一种非常强的力把它们俩绑在一起。就好像是两条胶带，不管它们离得有多近，它们之间都不存在引力，但一旦它们彼此接触到，就会马上像孪生兄弟那样难舍难分地粘在一起。物理学家们称这种力为'强相互作用'。这种力和质子、中子所带的电荷一点儿关系都没有，无论是中子与质子还是中子与中子，还是质子与质子，这些粒子之间的相互作用力的强度是一致的。"

"那么，是否有理论可以解释这种力呢？"汤普金斯先生问道。

"当然有。在20世纪30年代的初期，**汤川秀树**认为，由于那两个核子可能在彼此交换着某种未知的粒子，才会有这种力产生。人们把中子和质子统称为核子。当两个核子在不

> 汤川秀树（1907—1981），日本物理学家。他研究的是核力和介子，在1949年获得诺贝尔物理学奖。

断地靠近对方时，这种人们还不认识的神秘粒子就在它们俩之间跳跃，从而有一种能够束缚住核子的强大的结合力产生了出来。汤川秀树通过理论研究，还大致估计出了这个粒子的质量大概是电子质量的200倍，或者大约是质子（或中子）质量的1/10。因此，在一次国际物理学会议中，海森伯对这种粒子进行了正式的命名，称它为'介子'。快看，现在台上刚好有一个和介子有关的节目表演。"

这时有6个艺伎来到了台上，进行一种杂技表演：她们用手中的两

个碗抛球，让球在这两个碗中来回移动。有一个男人的脑袋出现在背景的银幕上，他在唱着：

> 因为介子我得到了诺贝尔奖，
>
> 可我不想因此让我更有名气。
>
> 那个横滨市呀，Λ带个零啊，
>
> 那个富士山呀，ηK介子啊，
>
> 因为介子我得到了诺贝尔奖。
>
> 日本人想给它起名叫汤川子，
>
> 我不想这样做因为我很谦虚。
>
> 那个横滨市呀，Λ带个零啊，
>
> 那个富士山呀，ηK介子啊，
>
> 日本人想给它起名叫汤川子。

艺伎们在进行与众不同的杂技表演

"可是，这里为什么有三对艺伎表演？"汤普金斯先生充满疑惑地问。

"因为交换介子有三种可能性，她们三对分别代表了其中一种，"教授解释道，"介子可以分为三类：带正电的、带负电的和不带电的。在产生核力时，这三种介子可能都会起作用。"

"那么，现在一共有8种基本的粒子，"汤普金斯先生伸出手指头一个一个地数着，"它们分别是中子、正负质子、正负电子，以及三种介子。"

"噢，不是。"教授说，"只是发现了接近8种粒子。最开始发现了重介子和轻介子这两种介子，分别用π和µ来表示，因此它们被称为π介子和µ**介子**。π介子是在高层大气中产生的，这个过程在高能的质子撞

> 后来人们研究发现，µ介子实际上并不是介子，它现在被称为µ子。

击大气中气体的原子核时发生，但是由于π介子很不稳定，所以它还没有到达地面就已经分裂成µ介子和中微子。中微子是所有粒子中最神秘的粒子，它没有质量，并且不带电荷，仅仅带有能量。µ介子存在的时间比π介子更长些，大概有几秒钟，所以它们最后可以顺利地到达地面，并且就在我们的身边发生衰变，变成普通电子和两个中微子。后来人们又发现了一种粒子，用希腊字母K来表示，因此，它叫作K介子。"

"那么这些艺伎是用哪一种粒子表演的呢？"汤普金斯先生问道。

"嗯，可能是π介子，它是其中一种最重要的，并且是中性的。不过，目前我还不太确定。现在几乎每个月都有人会发现新粒子，大部分粒子只有非常短的寿命。因此，虽然它们的速度和光的速度相等，也只能刚从出生地跑出几厘米，就马上衰变了。这样，即使把仪器送到大气

中，也完全没有办法发现它们。

"不过，现在我们已经具备了强大的粒子加速器，它们能把质子加速到让其具有宇宙射线中的质子的能量——高达几十亿电子伏。在附近的一座小山丘上，有一台这样的机器，叫作劳伦斯加速器，我愿意带你去看看。"

>>> 劳伦斯加速器和"阿尔瓦雷斯浴缸"

两个人乘坐的汽车行驶了很短的时间后，到达了一座巨大建筑物的前面，这里面存放了那台机器。在走进这座建筑物时，这台非常复杂的庞然大物给汤普金斯先生留下了深刻的印象。但是，教授让他相信了，从原理上说，这台机器还没有被大卫拿来杀死歌利亚的**甩石带**复杂。带电粒子首先会进入这个巨大的像圆盘一样的铜盒的中央位置，然后会开始运动，运动的方向是顺着不断向外扩展的螺旋轨道进行的，同时，受到交流电脉冲的加速，被强磁场束缚住并绑在了轨道上。

> 甩石带是古代人发明的一种武器，它是把石块放在带子的一端，然后抡起带子，把石块快速地扔出去，使石块所带的力量更大。在《圣经·旧约》中，有一个异族勇士叫歌利亚，他打仗非常厉害，曾经严重威胁了古西伯利亚王国的统治。西伯利亚牧童大卫在歌利亚盲目轻敌的时候，用甩石带杀死了他。

"我猜，我曾经见过类似的东西，"汤普金斯先生说，"当时我在参观回旋加速器，那时候大家都把它叫作'原子粉碎机'。"

"哦，对了，"教授说，"就是劳伦斯博士第一个发明了你之前见过的那台机器。这里的这台机器的原理和它是相同的。但是，这一台机器加速粒子的电子伏数不止能达到几百万，更能达到几十亿。这种机器在美国只有两台，一台叫'十亿电子伏级同步加速器'，它能产生数十亿电子伏的能量的粒子；另一台叫'宇宙射线级加速器'，在长岛的布鲁海文。这台之所以叫这个名字，是因为天然宇宙射线的能量通常要远远高于其他加速器所能提供的能量。在日内瓦附近的欧洲核子研究中心里，也建造了一些和这两台机器相似的加速器。在**苏联**的莫斯科附近，也有一台和这种机器很像的机器。"

> 苏联全称苏维埃社会主义共和国联盟，1917 年 11 月 7 日十月社会主义革命后，于 1922 年的苏维埃第一次代表大会上，建立世界上第一个社会主义国家政权。1991 年苏联解体。

汤普金斯先生左顾右看，猛然看到有扇门上写着这样一句话：

阿尔瓦雷斯液态氢
浴缸

"那是什么？"他指着那扇门问教授。

"哦！"教授说，"在这里，劳伦斯加速器所产生的基本粒子的种类不断增多，能量也在不断增加，人们需要观察它们的轨道来分析它们，计算它们各方面的特征，包括质量、寿命、相互作用以及其他特性，比如奇异性等。云室是威尔逊发明的，他还因此在1927年获得了诺贝尔奖。过去，人们利用云室来研究快速带电粒子，这种粒子所带的能量达到几百万电子伏。云室的顶部有玻璃板覆盖，在内部充盈着快要饱和了的水蒸气。当云室的底部快速下降时，空气会随着内部空间的变大而冷却下来，于是云室内就有过饱和的水蒸气了。这样的话，有一部分水蒸气会凝结成小水滴。威尔逊发现，蒸汽在离子（也就是带电粒子）的周围凝结成水滴的速度要比在其他地方快。但是，气体受到电离的方向是顺着带电粒子穿过云室所形成的轨道进行的，因此，打开云室侧面的光源，将云室的底部涂成黑色，我们就会在这个黑色的背景下看到一条轮廓不清晰的云带。你应该还没有忘记我在上次演讲中给大家展示的照片吧。

"在现在存在宇宙射线粒子的情况下，由于这些粒子的能量是我们过去研究的粒子的1000倍，就会导致完全不同的结果。它们有非常长的径迹，相比之下充气的云室过于狭小，这些径迹完全不能被容纳，于是我们能看到的只是整个现象的其中一小块内容。

格拉塞是美国物理学家。他出生于美国，1952年发明气泡室，因此在1960年获得诺贝尔物理学奖，后来他致力于发展各种不同类型的气泡室，用于纽约的布鲁克海文国家实验室的宇宙射线级加速器和十亿电子伏级加速器。

"1960年，有一个年轻人因为把这个研究继续向前推进而取得丰硕的成果，获得了诺贝尔奖。他就是美国物理学家**格拉塞**。他说，有一次他觉得很无聊，就去酒馆里喝酒，在不经意间发现了他面前的酒瓶里有很多持续上升的气泡。'棒极了，'他突然想到，'如果威尔逊能够通过气体中的液滴来进行研究，那么我就可以利用液体中的气泡来改进这个实验。'不过，关于技术上是如何操作的，我并不想跟你说太多，"教授继续说着，"我也不想讲在设计这种仪器时遇到的困难，这些事情都不在你的理解范围内。但是有一点你需要知道，为了能够让这种被称为气泡室的仪器正常运行，在它的内部必须充满液态氢，温度大约是−253℃。阿尔瓦雷斯在隔壁的房间里制造了一个充满着液态氢的大容器，被这里的人称为'阿尔瓦雷斯浴缸'。"

"这可不行，这个温度对我来说实在是太冷了！"汤普金斯先生喊了起来。

"哦，你完全不用跳进去。你只需要站在外面透过透明的盆壁观察粒子的轨道。"

这时，那个浴缸正在正常运转着，许多开着闪光灯的照相机围绕在浴缸周围，拍摄连续的快照。浴缸被放置在一块非常大的电磁铁当中，它的磁场能弯曲粒子的轨道，以便人们估算出粒子的运动速度。

"只需要几分钟就能制作出一张照片，"阿尔瓦雷斯说，"如果仪器没有问题，不用修理，那么一天制作的照片数量可以达到几百张。我们需要对所有照片进行细致的检查，分析它们的径迹，然后把它们的曲率测出来。这几项工作无论在什么地方都要花上几分钟到一个小时的时间，花费时间的多少和那张照片的意义大小与分析它的姑娘工作的效率有很大的关系。"

"你刚刚说'姑娘'？"汤普金斯先生突然插了话，"难道这些活完全是女士来干吗？"

"啊，不是这样的！"阿尔瓦雷斯说，"干这些工作的人中有很多是男性。不过，在业务上，我们使用'姑娘'来表示是和性别一点儿关系都没有的，它只是来描述工作效率和细致程度的。反过来想想，当你提到'打字员'或'秘书'，你通常在脑海中浮现的是女士而不是男士。好了，如果想要在现场分析完所有照片，那大概得有几百个姑娘，这就造成了一个很大的问题。所以，我们把很多照片交给其他大学来处理，那些大学在建造劳伦斯加速器和浴缸方面确实没有足够的经费，但还是负担得起分析这种照片所需要仪器的费用的。"

"也就是说，你们是唯一一个能把这个任务完成的研究单位？"汤普金斯先生追问道。

"不是的。还有几家实验室都有相似的仪器，比如，纽约州长岛布鲁克海文国家实验室、瑞士日内瓦近郊的欧洲核子研究中心以及苏联莫斯科附近的谢尔昆契克实验室。他们这样做完全像是大海捞针，可是上帝可以作证，有时候还真能让他们捞到一些什么东西！"

"可是，为什么要进行这么困难的工作呢？"汤普金斯先生不解地问道。

"当然是为了找到新的基本粒子啊，这比大海捞针更困难。除此之外，也是想弄清楚基本粒子之间的相互作用。这面墙上基本粒子表里的基本粒子数量已经超过了门捷列夫周期表上的元素数量了。"

"可是，为什么要把这么多时间、精力花费在发现新粒子上呢？"汤普金斯先生追问道。

"这就是科学嘛，"教授回答道，"人类总想要了解他身边的一切事物，大到巨大的星系，小到微小的细菌，还有这些基本粒子。这种工作是有价值而且振奋人心的，这就是我们做这种工作的理由。"

"可是，发展科学的实际目的不是为了改善人类的生活条件吗？"

"你说得对，当然它也有这个目的，但是这个目的是处于第二位的。难道你认为人们创作音乐就是为了吹号叫醒士兵，按时吃饭，或者让他们冲锋陷阵吗？有人说，'好奇害死猫'，可我要说：'好奇心造就科学家。'"

教授说完这些话，和汤普金斯先生互道晚安后，两人便分别了。

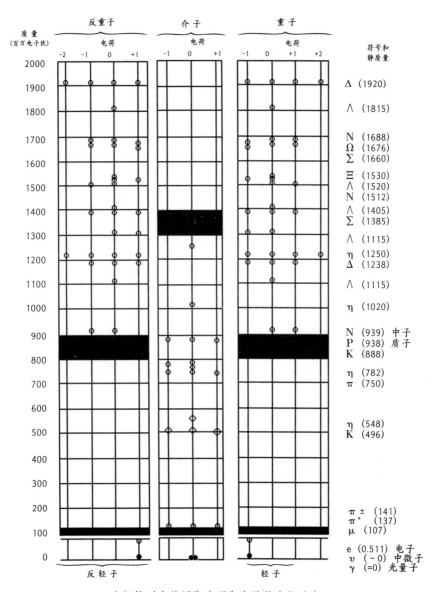

比门捷列夫的周期表更复杂的基本粒子表

图书在版编目（CIP）数据

物理世界奇遇记 ／（美）乔治·伽莫夫
（George Gamow）著；李赛，刘潇潇译． —— 北京：中国
妇女出版社，2020.3（2023.9重印）
（让少年看懂世界的第一套科普书）
ISBN 978-7-5127-1627-8

Ⅰ.①物⋯　Ⅱ.①乔⋯　②李⋯　③刘⋯　Ⅲ.①物理学
－青少年读物　Ⅳ.①O4-49

中国版本图书馆CIP数据核字（2019）第144960号

物理世界奇遇记

作　　者：	[美] 乔治·伽莫夫 著　李 赛 刘潇潇 译
责任编辑：	应 莹 张 于
封面设计：	徐 欣
插图绘制：	许豆豆
责任印制：	李志国
出版发行：	中国妇女出版社
地　　址：	北京市东城区史家胡同甲24号　　邮政编码：100010
电　　话：	（010）65133160（发行部）　　65133161（邮购）
网　　址：	www.womenbooks.cn
法律顾问：	北京市道可特律师事务所
经　　销：	各地新华书店
印　　刷：	艺通印刷（天津）有限公司
开　　本：	170×240　1/16
印　　张：	16.25
字　　数：	200千字
版　　次：	2020年3月第1版
印　　次：	2023年9月第4次
书　　号：	ISBN 978-7-5127-1627-8
定　　价：	49.80元